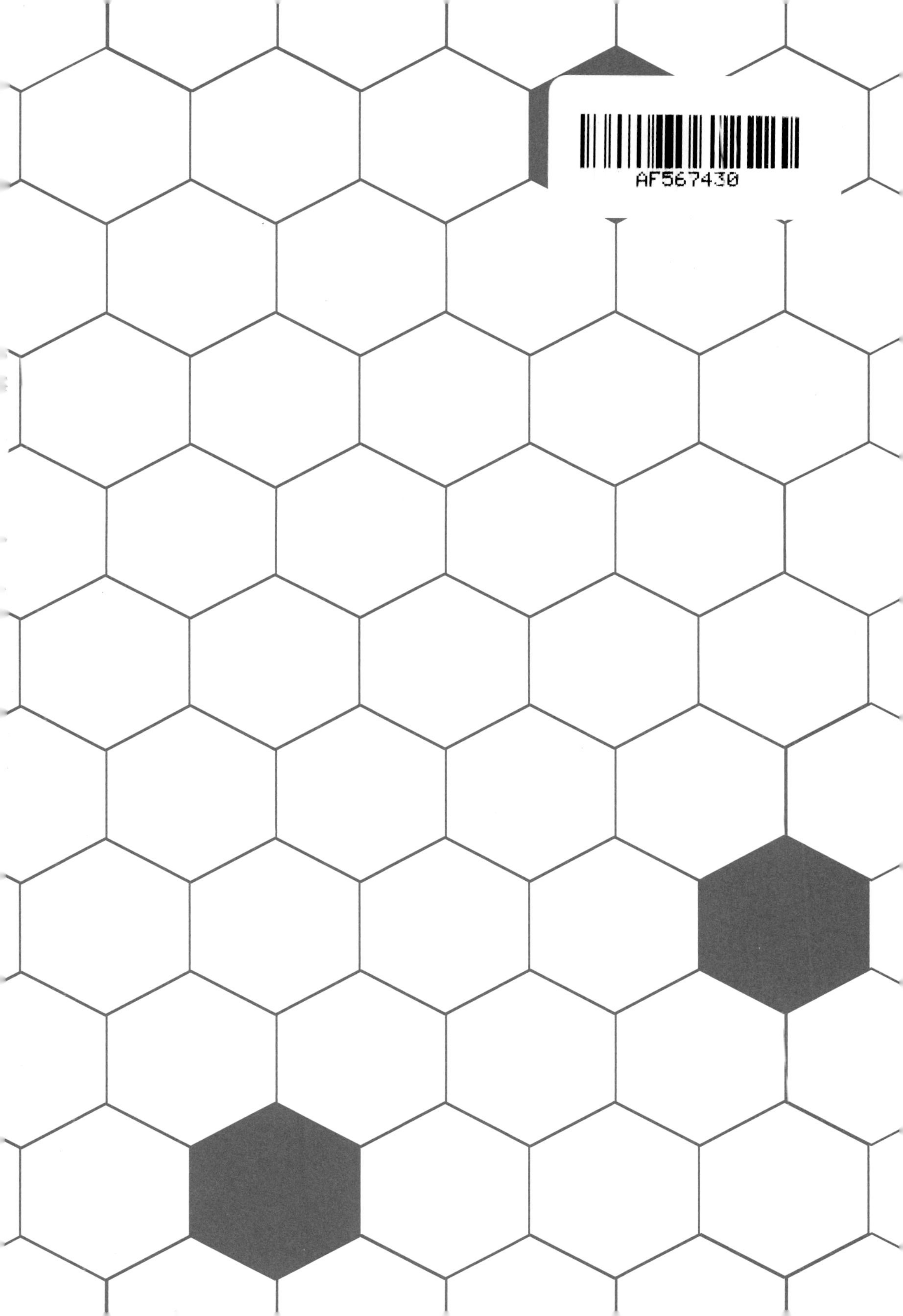
AF567430

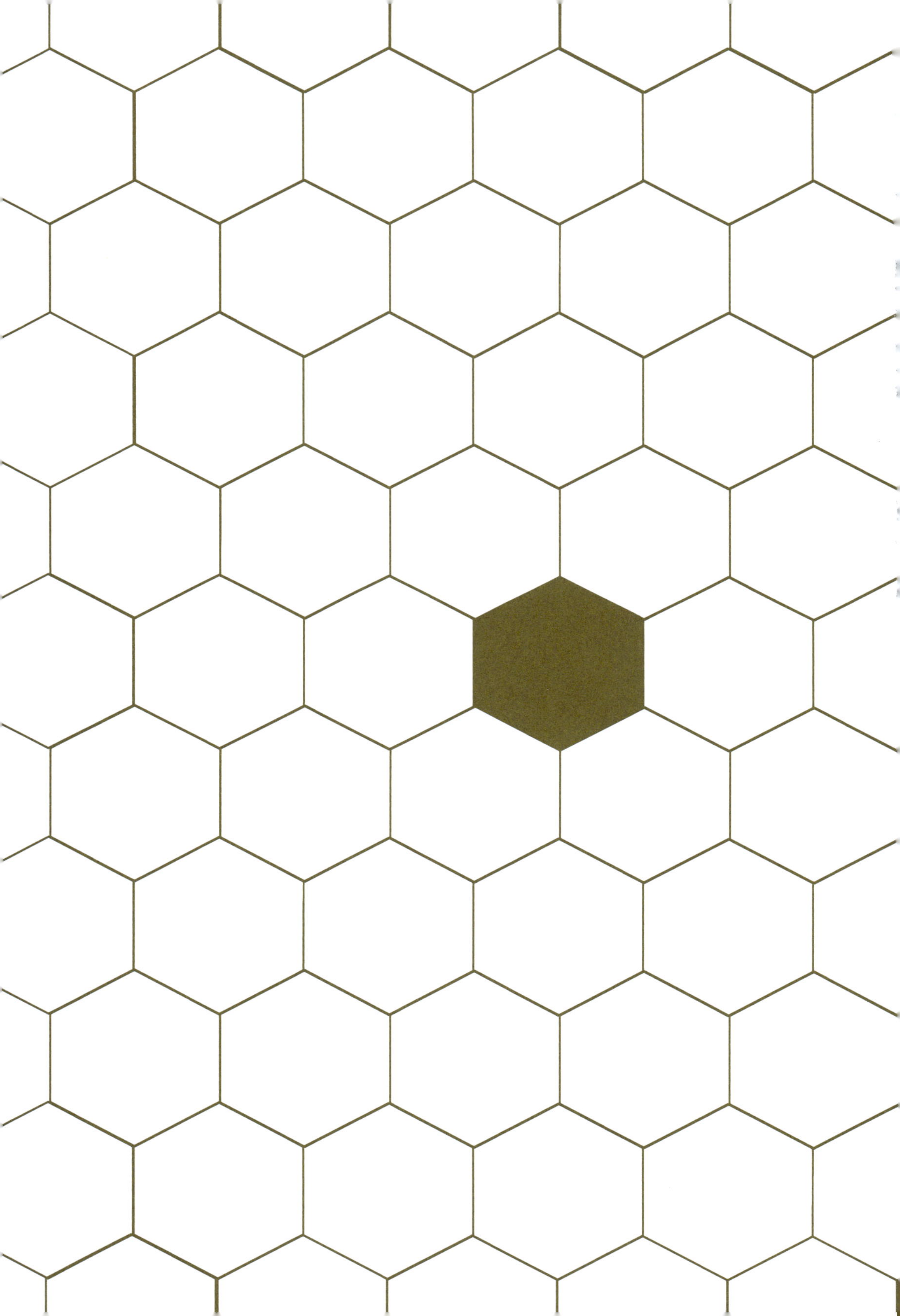

Andreas Heidinger
Christian Kuhn

Imkern mit der Bienenkugel

Rund statt eckig – Lernen von der Natur

Andreas Heidinger
Christian Kuhn

IMKERN MIT DER BIENENKUGEL

RUND STATT ECKIG – LERNEN VON DER NATUR

INHALT

BIENENHALTUNG UND NATURGESETZE

Andreas Heidinger lernte ich vor einigen Jahren bei einer Präsentation im Dachauer Schlossbienengarten kennen. Er hatte mit der Entwicklung der „Bienenkugel" eine Reduzierung des Energieverbrauchs für die Bienenwohnungen in die Tat umgesetzt. Einerseits um den Honigverbrauch im Vergleich zu bekannten Magazinbeuten drastisch zu senken, andererseits um den bisher erheblichen Betreuungsaufwand für ein Bienenvolk zu verringern.

Meine Neugier war geweckt und ich besuchte einen Imkerkurs und mehrere Vorträge zur Bienenhaltung, aber über die elementare Bauphysik in der Bienenbehausung konnte ich dort nichts erfahren. Ein „Passivhaus für Bienen" mit hervorragender Isolierung, ausgefeilter Lüftungstechnik und Regulierung der Feuchtigkeit: Das wäre doch die ideale Lösung für das Wohlbefinden der Bienen. Aber wie haben die Bienen Millionen Jahre ohne Nullenergiehaus überlebt? Die Fragestellungen des hoch komplexen natürlichen Ökosystems Bien-Umwelt halte ich als Luft- und Raumfahrtingenieur für eine mindestens ebenso große Herausforderung wie die Konzeption einer Raumstation!

Früher konnten die Bienen mit vollen Honigwaben stressfrei in ihrer Baumhöhle überwintern. Der ausreichende Honigvorrat ist für sie eine energetische Existenzfrage und jede „Honigernte" ein ernster Eingriff in das natürliche Gleichgewicht des Bienenvolks in seiner Umgebung. Dr. Christian Kuhn beleuchtet daher als Historiker, wie sich unsere Vorfahren diesem Dilemma stellten. Was haben Bienenhalter versucht, um den Bienen möglichst gute Lebensbedingungen zu schaffen? Und wie konnten sie Honig „abzweigen", ohne die Völker dabei zu gefährden?

Die Probleme der heutigen Bienenbehausungen sind die gleichen wie die von schlecht konzipierten Menschenwohnungen: hoher Energiebedarf für Heizung im Winter und Kühlung im Sommer, feuchte Ecken durch Wärmebrücken, Schimmelbildung und „schlechte" Luft. Der Grund dafür ist die Nichtbeachtung der physikalischen und biochemischen Grundgesetze.

Die Autoren, beide selbst Imker und den Bienen mit Herz und Seele verbunden, bringen ihre beruflichen Erfahrungen als Gießereiexperte und Historiker in eine dringend notwendige andere Sichtweise der Bienenhaltung ein. Die „Bienenkugel" als ein Lebensraum hat das Potenzial – wie ein klug geplantes Haus für uns Menschen –, höchsten Komfort bei geringstem Energieeinsatz für die Bienen zu bieten.

Es geht um die schwierige Aufgabe, den verloren gegangenen hohlen Baum im Urwald durch ein natürlich funktionierendes „Bienen-System-Haus" zu ersetzen. Mit einer Regelung von Temperatur und Luftfeuchte, entweder völlig passiv oder durch die Mitwirkung der Bienen selbst. Lösungen finden wir nur, wenn wir einerseits die Biene als Lebewesen von der Biologie her verstehen und andererseits die Physik und Chemie der Naturphänomene begreifen und anwenden. Das viel diskutierte Bienensterben hat vermutlich nicht nur eine einzige Ursache. Unsere „Zivilisation" greift gleichwohl überall in die hoch komplexen natürlichen Regelkreise der Ökosysteme ein, ohne diese wirklich verstanden zu haben. Das Buch möchte Sie am Beispiel der Bienen auch hierfür sensibilisieren.

Ich wünsche Ihnen als Leser, dass Sie Zugang finden zu einer naturwissenschaftlichen Betrachtung der Bienenhaltung mit der Bienenkugel. Entdecken Sie selbst die Zusammenhänge in der Natur. Die Thermodynamik und den Stofftransport sollten wir bei der Konzeption einer Bienenbehausung als zentrale Punkte verstanden haben, um das hoch komplexe biologische System „Bien" darin wohnen zu lassen. Nur wer die Naturgesetze verstehen lernt und sie akzeptiert, wird sinnvolle Entscheidungen treffen können: für die Bienen, für die Menschen und für die Natur auf unserem Planeten Erde.

Das vorliegende Buch möchte Sie unter der besonderen Berücksichtigung des historischen Kontexts zum Nachdenken anregen und Ihnen zeigen, wie eine „sanftere" Bienenhaltung für jeden erlebbar ist. Nicht nur Bienenfreunde und Profi-Imker, sondern auch Landwirte dürfen die Erkenntnisse für ihre Bienen – und für mehr nachhaltigen Ertrag – umsetzen.

Prof. Dr.-Ing. Karl Friedrich Reiling

WIR SUCHEN DIE BESTE BIENENWOHNUNG

Wer sich einem Bienenstock nähert, lässt den vertrauten Alltag hinter sich. Bei dem summenden Gewusel nehmen wir Gerüche, Farben und Bewegungen intensiver wahr, vorübergehend entschleunigen wir und tauchen in eine andere Erfahrungswelt ein.

BIENEN SEHEN, FÜHLEN UND RIECHEN

Meist sind Bienenstöcke an Orten, die Ruhe ausstrahlen und auch erfordern. Oft befinden sie sich in gewissem Abstand zu Stätten menschlichen Handelns. Rund um das Flugloch riecht es nach angenehmen Aromen, nach Brut, Pollen, Propolis und Wachs. Nähert man sich den Bienenbehausungen weiter, vernimmt man ein harmonisches Geräusch, ein zufriedenes Summen und Brausen. Zur einsetzenden Abenddämmerung an einem Sommertag sind wechselnde Frequenzen zu hören, die uns das verborgene Leben der Bienen näherbringen.

Die beruhigende Wirkung befällt uns heutige Menschen besonders eindrücklich. Wie kaum an einem anderen Ort – wie nicht nur der Bienenforscher Marc Winston feststellte – wurden Priester und Künstler früherer Zeiten am Bienenstock zu Riten und Versen inspiriert. Der Wunsch, Menschen diese atmosphärische Kulisse zugänglich zu machen, hat eine lange Tradition. Sie reicht vom Beobachten der Bienen bis hin zum geplanten Einatmen der in den Bienenstöcken enthaltenen, von warmen Propolisdämpfen angereicherten Luft.

Das Summen der Bienen und die Düfte von Honig, Wachs und Propolis machen das Bienenhaus zum Erlebnis für alle Sinne und bietet Erholung vom Alltagsstress.

Erlebnismöglichkeiten mit der Bienenkugel

Die Bienenkugel von Andreas Heidinger verfügt wie eine Baumhöhle über ein rundes Flugloch. Durch eine Einflugverlängerung mit Gitter auf der oberen Seite fächeln die Bienen einen Teil der Stockluft nicht in die äußere Umwelt, sondern leiten die Luft in das Bienenhaus über. In einem Bienenhaus mit einer Liege fließt diese Luft ein und

Wellnesserlebnis mit der Bienenkugel im Bienenhaus. Auf einer aufklappbaren Liege kann man über den Bienen entspannen. Bienen gelangen nicht in diesen Innenraum, es besteht lediglich Luftkontakt. Nach einem starken Nektareintrag während des Tages strömt die mit Propolis angereicherte, intensiv duftende Stockluft in den Innenraum des Bienenhauses.

kann dort erlebt werden. Dieses „Vorhäusl" lässt die Bienen noch immer normal ausfliegen und Nektar eintragen, eine kurze Wegverlängerung, die die Bienen nicht zu verübeln scheinen, während sie den sich im Bienenhaus befindlichen Personen eine neue Möglichkeit eröffnet, auf eine besondere Weise zu chillen. Viele berichten, wie angenehm sie es empfinden, den Bienen zuzuhören, wie sie auf verschiedenen Frequenzen summen, und zugleich die wohltuenden Düfte von Honig, Bienenwachs und Propolis zu verspüren, die sich miteinander vermischen. Und dies ganz ohne Maske oder Gefahr, gestochen zu werden!

Mit Bienen leben – gestern und noch weiter zurück

Eine Ruhestunde auf einem Bienenvolk mag als biedermeierliche Vorstellung erscheinen: Die melancholisch anmutende Abgeschiedenheit und das demütige Schwelgen in der einfachen Freude, die Wohlordnung im Bienenstaat im gleichmäßigen, gedämpften Brausen zu erkennen. Dieses Geräusch klang wohl den Priesterinnen der Artemis im Ohr, verkörperten sie doch die Gottheit als eine Frauenfigur, die aus Bienensymbolen aufgebaut war.

Noch weiter ging der christliche Bienenforscher James Butler im 17. Jahrhundert, der die Geräusche im Stock für einen lesbaren Ausdruck göttlicher Schöpfung hielt. Zu den rhythmischen Signalen, die eine Bienenkönigin als erstes Herrschaftszeichen an ihre fleißige Schar sendete, komponierte er ein Madrigal. Dieses wollte er als Appell an die politische Herrschaft auch der menschlichen Staaten verstanden wissen, die gute naturgemäße Ordnung auch im Staat beizubehalten.

Im 18. Jahrhundert veranstalteten deutsche Akademien öffentliche Preisfragen, wie mit dem Mittel der Bienenhaltung die Armutsproblematik in deutschen Landstrichen zu bewältigen sein könnte. Viele sahen damals in der Honig- und Wachsgewinnung eine regionale Wertschöpfungsmöglichkeit. Diese Hoffnung wurde von einer religiösen und magischen Aufladung der Bienenthematik mitgetragen. Christliche Autoren wurden aufgrund ihres „christifizierenden" Umgangs mit den Bienen, die in einer „Bienen-Theologie" gipfelte, von Ökonomen angegriffen; davon betroffen war der sorbische Sprachwissenschaftler und Theologe Schirach. Dabei kam nicht zur Geltung, dass Schirach auch ein empirisch arbeitender Bienenforscher war, der wesentlich zum Nachweis der Geschlechtlichkeit der Bienenkönigin, der Bienen und Drohnen beitrug. Die Sorge, dass die Menschen der guten, gottgegebenen Ordnung im Bienenvolk nicht gerecht würden und das Wohl der Menschen vom Wohl der Bienen abhänge, hat somit eine lange Tradition.

Bienensterben und Artenschwund sind mittlerweile in das Bewusstsein der breiten Bevölkerung gerückt.

… und heute

Gegenwärtig gibt es in Deutschland ca. 900 000 Bienenvölker (Stand 2019). Das ist ein erheblicher Rückgang im Vergleich mit 1990, als noch ca. 1,6 Millionen Bienenvölker vorhanden waren. Schlagworte wie Bienensterben und Artenschwund sind mittlerweile weiten Teilen der Bevölkerung geläufig und sie diskutieren die Folgen kritisch. Daraus sind Volksbegehren für den Artenschutz und neue Gesetze zum Erhalt der Biodiversität und zum Schutz der Bienen entstanden.

FRAGEN NACH DEM NATÜRLICHEN HABITAT

Unser Bild von Bienen ist heute von Imkern bestimmt, die begeistert Holzrähmchen mit Waben und Bienen bei Sonnenschein vor Kameras halten. Solche Bilder sind erst seit 200 Jahren möglich. Die Bienen sind erst seit der Barockzeit den Menschen zu Augen gekommen und konnten in Gärten im Einzelfall beobachtet werden.

Die Baumhöhle im Wald

Vor der Barockzeit waren die Bienen, ihr Zusammenleben und die Organisations- und Produktionsweise ihrer Güter für die Menschen geheimnisvolle Rätsel, die sprichwörtlich im Dunkeln lagen. Dieses Dunkel befand sich häufig noch in Baumhöhlen. Und Baumhöhlen standen auch am Anfang von Andreas Heidingers Beschäftigung mit den Bienen.

Wie stellt man eine Baumhöhle dar?

Um sich den Ort, an dem die Bienen in Mitteleuropa gelebt hatten, in bleibende Erinnerung zu bringen, sprach Andreas Heidinger 2013 die befreundete Künstlerin Petra Popielinski auf ein Bild von einer Baumhöhle an. Es folgte ein Gespräch über Bienen, alte Waldformen mit Baumbestand und das Nahrungsangebot in kurzer Entfernung für die Bienen im Jahresverlauf, den die Bienen ohne die Betreuung von Imkern und behandlungsfrei bei jeder Witterung im ganzen Jahresverlauf bewältigten. Ein Kunstgemälde sollte diesen Ausgangszustand festhalten und verdeutlichen.

● Kriterien einer natürlichen Wohnhöhle für Bienen

Man sieht nur, was man weiß, kann aber auch nur darstellen, was man kennt. Das stellte sich nach einigen Wochen heraus, als die Künstlerin ihre Auseinandersetzung mit dem Sujet Baumhöhle zusammenfasste. Sie war auf Anregung von Andreas Heidinger den Rätseln des Bienenlebens auf der Spur. Gemäß seinen Angaben suchte sie nach realen Anschauungsgegenständen und künstlerischen Ausdrucksmöglichkeiten für die Darstellung einer Baumhöhle im Wald.

Eigentlich sind über Baumhöhlen, in denen Bienen leben oder gelebt haben, kaum mehr als Eckpunkte und Klischees bekannt. Andreas Heidingers Gedanken zur Baumhöhle waren damals, dass diese in der Regel dicke Wände aufweist und über ein rundes Flugloch verfügt. Das Flugloch ist eine Öffnung in einem lebenden Baum, die von einem Specht durch zahlreiche Schläge je Sekunde mit dem Schnabel ins Holz geschlagen wurde, dort, wo er Insekten unter der Rinde oder in einem Teil des Holzes erwartete. Auch an Bruchstellen, die abgebrochene oder abgestorbene Äste hinterlassen hatten, konnten durch Witterungseinflüsse Öffnungen entstehen – zunächst in der Außenseite der Bäume, dann weitergehend ins Innere der Bäume.

Zu den weiteren Angaben für die Künstlerin zählte, dass die Bienen ihr Wabenwerk stets abgerundet bauen. Heutige Imker sprechen von „Wildbau“, sobald ein Holzrahmen mit Tafeln von sechseckigen Wachszellen nicht der Vorgabe des Imkers gemäß ausgebaut wird. Tatsächlich aber zeigt jede Bienenbaumhöhle ein individuelles Bild vom Wabenbau. Daher erscheint es vertretbar, bei „Wildbau“ von Naturbau zu sprechen. Insbesondere auch deswegen, weil derzeit nicht bekannt ist, aus welchen Gründen die Bienen gerundet bauen, also ob aus thermischem, luftströmungstechnischem oder statischem Kalkül.

Verschiedene Funktionsbereiche einer Wohnhöhle

Baumhöhlen entstehen über sehr lange Zeiträume während eines Baumlebens. Sie bilden sich auch ohne äußere Einflüsse, wenn der Baum seinen Zenit überschritten hat. Eine Baumhöhle hat unterschiedliche Funktionsbereiche, die mit dem Bienenleben korrespondieren und es prägen. Die Bienen leben in einem lebenden Baum. Andreas Heidinger ging davon aus, dass durch die Wanddicken die Bienen weniger von Temperaturschwankungen im Tages- und Jahresverlauf sowie von Klimaeinflüssen beeinflusst worden sein müssen.

Neben dem laufenden Stoffwechsel im Baum ist aber auch die Werkstoffbeschaffenheit in der Baumhöhle für die Bienen von Relevanz. An der Oberseite verströmt der Baum ätherische Öle aus dem Kernholz, im seitlichen Bereich befindet sich das grobfaserige Splintholz, während der Boden der Baumhöhle ein „Sumpf“ aus losem Material aus tierischen und pflanzlichen Feststoffen ist. In diesem losen „Gemüll“ finden verschiedene Kleinstlebewesen ihre Nahrung und Schutz. Während bei heutigen Imkern die Böden ihrer Kästen aus gehobeltem Holz und Gitterböden bestehen und die Varroawindeln gereinigt werden, darf in der Baumhöhle all dieser Abraum als weiterhin vorhanden angenommen werden. Es fallen dort Reste von Wachs, Propolis, Pollen, toter Bienen und abgeknabberte weiche Holzteile an.

Künstlerische Umsetzung der Vorgaben

So entstand im Atelier Popielinski eine künstlerische Darstellung, die wichtige Anhaltspunkte in einem Bild zusammenführt. Im Hintergrund links ist durch einen Betrachter einer Baumhöhlenöffnung die Höhe der Baumhöhlen, nämlich ca. drei Meter, verdeutlicht. Diese ergab sich aus verschiedenen Faktoren, darunter die natürliche Baumbeschaffenheit, Sicherheitsaspekte und der Schutz vor Räuberei durch Waldtiere sowie möglicherweise auch vor klimatischen Bedingungen. Im Vordergrund ist ein ähnlicher Baum geöffnet dargestellt.

Kunstgemälde „Bienen im Wald“ von Petra Popielinski. In ihrem natürlichen Lebensraum, der Baumhöhle, dem Baum und dem Wald mit seinem Trachtangebot leben die Bienen seit ca. 30 Millionen Jahren.

Der Ausschnitt ist keine von „Zeidlern“ vorgenommene Öffnung. Diese Berufsimkergruppe schlug die Bäume mit Querbeilen mit einer deckelartigen Öffnung ein. Dadurch wurden die natürlichen Baumhöhlen den scharfen Messern der Imker zugänglich. Im Gemälde handelt es sich vielmehr um einen künstlerischen Einblick, der im Zeitraffer auch den Specht zeigt, der erst noch die Höhle einhämmert, die weiter unten bereits von Bienen bebaut ist. Die Waben stehen mit der flachen Seite zur Höhlenöffnung, sodass das Mikroklima in der Baumhöhle gegen Außentemperaturschwankungen abgepuffert wird.

Fütterungsfrei überwintern war den früheren Bienen keine Herausforderung, denn die Natur bot fast ganzjährig Möglichkeiten an, Pollen und Honig zu sammeln. Das Bild kann diesen Aspekt nur andeuten, aber die in gefällten Bäumen vorgefundenen Baumhöhlen zeigen ein ähnliches Bild. In allen diesen Punkten waren die Baumhöhle und die Biene als Waldtier Inspiration für Andreas Heidingers Beschäftigung mit der Bienenthematik, und sie sind ein Leitmotiv für dieses Buch.

DIE BIENE ALS WALDTIER ZUM NUTZEN DES MENSCHEN

Die ersten vom Menschen geschaffenen künstlichen Bienenbehausungen waren Baumstammabschnitte, die natürliche Höhlen mit Bienen enthielten und dann frei positioniert werden konnten. Durch das Fällen von Bäumen und die Rodung der Wälder waren die Menschen gezwungen, künstliche Bienenbehausungen zu schaffen.

Entwicklung der Behausungen von rund zu eckig

Jede Bienenbehausung verändert das Leben der Bienen. Allerdings weisen auch die natürlichen Lebensbedingungen der Bienen teils erhebliche Streubreiten hinsichtlich Volumen, Höhe und Position des Fluglochs sowie Fluglochgröße auf. Dies hat Seeley durch Volumenmessungen von Baumhöhlen ermittelt. Dennoch dürfen Bienenhalter sich vergegenwärtigen, dass bereits das Betreten, insbesondere aber das Durchforsten eines Waldes ein Eingriff in das Bienenleben war und ist. Die ursprüngliche Lebensweise der Bienen hat der Mensch insbesondere auch mit Blick auf die Trachtpflanzen verändert.

Altsteinzeit

Menschheitsgeschichtlich sehr frühe Mensch-Biene-Beziehungen sind aus Indizien der Altsteinzeit zu erschließen. Dabei handelt es sich um Spuren von Bienenwachs-Baumharz-Mischungen an Messerklingen aus Stein. Während das Heft, der Griff und möglicherweise andere organische Stoffe nicht vorliegen, ist die steinerne Klinge als Spurenträger erhalten. Um die daran wie ein Kleber haftende, ausgehärtete Masse herzustellen, müssen die frühen Menschen, die gerade sesshaft wurden, um die aus Bienenstöcken zu gewinnenden Rohstoffe gewusst haben. Es ist davon auszugehen, dass sie Bienen in ihren natürlichen Behausungen – bewohnten oder verlassenen Beuten in möglicherweise zerstörten Bäumen – aufsuchten und Wachs, Honig und Propolis entnahmen.

Bäume waren in Mitteleuropa in vorchristlicher Zeit heilig. Dieser religiösen Verehrung trat der Heilige Bonifatius in seiner Missionsarbeit entgegen, indem er demonstrativ die besonders verehrten Donareichen fällen ließ. Diese waren der germanischen Gottheit Thor oder Donar geweiht. Mit dieser sagenhaften Tat demonstrierte der Missionar, dass eine Verehrung der Bäume aus christlicher Sicht nicht notwendig sei.

Die Zeidler vom Mittelalter bis heute

Mit dieser wahrscheinlichen Imkermethode stehen die Menschen der Altsteinzeit – in einem grundlegenden Sinne – in einer prinzipiell bis heute, in Mitteleuropa bis zum Ende des Mittelalters oder der Frühneuzeit anhaltenden Tradition. Hier bildeten die Zeidler eine regional in den Reichswäldern konzentriert lebende und arbeitende Berufsgruppe, beispielsweise um Nürnberg. Sie bestiegen die Bäume, in denen Bienen lebten, öffneten auf wiederverschließbare Weise die Bienenhöhlen und „zeidelten", indem sie einen Teil der Waben mit einem Zeidelmesser abschnitten und in einem Behälter zum Ausquetschen sammelten. Noch heute besteigen die Zeidler in Ländern Ost- und Südwesteuropas, in Russland und in der Türkei Bäume, um Bienenvölker zu zeideln. Allerdings tun sie dies häufig nicht mehr bei Bienen in natürlichen Baumhöhlen, sondern in menschengemachten und an Seilen in die Bäume aufgehängten Beuten. Dabei kann es sich um aufwendig ausgekerbte Abschnitte von Baumstämmen handeln, sogenannte Klotzbeuten, die sich öffnen und wiederverschließen lassen, aber für Wildtiere nicht erreichbar sind. Durch das Bereitstellen von Bienenbeuten wird die Zeidlerei planbarer, wenn nicht in Ermangelung hinreichend geeigneter natürlicher Baumhöhlen überhaupt erst ermöglicht.

Bereits die mittelalterlichen Zeidler kannten die Praxis, Bienenvölker nicht allein in Bäumen zu zeideln, sondern auch aus Bäumen herausgeschnittene Baumhöhlen in Bienengärten aufzustellen und dort zu nutzen.

Insofern stehen die heute noch anzutreffenden Zeidler in einer Tradition mit der mittelalterlichen Methode des Zeidelns. Allerdings verfolgen die heute noch praktizierenden Zeidler grundlegend andere Ziele, indem sie etwa hochwertige Spezialhonige zeideln oder ökologische Zielsetzungen verfolgen, zum Beispiel im Falle von Revival-Initiativen in Mitteleuropa.

Honig war zwar im Mittelalter ebenfalls willkommen und wurde vor dem Beginn der Zuckereinfuhr durch den atlantischen Handel und vor dem Beginn heimischer Zuckerproduktion intensiv genutzt. Davon legen mehrere Berufsgruppen Zeugnis ab, wie zum Beispiel die honigverarbeitenden Nürnberger Konditoren, die sogenannten Lebzelter.

Wachs als Hauptrohstoff

Allerdings besaß im Mittelalter das Bienenwachs einen hohen Stellenwert. Während Bienenwachs heute eine Nischenrelevanz besitzt, und durch Paraffin und Stearin in Kerzen und Kunststoffe im Modellbau verdrängt ist, war Wachs bis zum 18. Jahrhundert ein Grundstoff für chemische Prozesse wie das Verbrennen zu Licht, bot Entflammungsleistung und diente zum Herstellen von kosmetischen, bautechnischen und anderen Produkten wie Siegeln. Elektrisches Licht lässt die Dunkelheit, die von verbrennendem Wachs erhellt wurde, heute vergessen.

Die Bedeutung von Wachs ist aus den Steuerakten des mittelalterlichen internationalen Fernhandels ersichtlich, die große Lieferungen aus Osteuropa, etwa nach London, verzeichnen. Gut vorstellbar wird die Bedeutung von Wachs anhand der Einkommensregelung von Bediensteten des Dachauer Schlosses und der Dachauer Pfarrkirche St. Jakob im 16. Jahrhundert. Bedienstete wurden nicht wie heute üblich besoldet, sondern erhielten monatlich auch die Stumpen von abgebrannten Kerzen. Diese waren so kostbar, dass sie im Wachszieherhaus, das sich im heutigen Rathaus befand, verkauft werden konnten. Der Erlös soll den Bediensteten hingereicht haben, um die Lebenskosten für einen ganzen Monat decken zu können. Diese herausragende Bedeutung von Bienenwachs endete nach der Erfindung der Paraffinkerze im ersten Drittel des 19. Jahrhunderts.

Unterschiedliche wirtschaftliche Ziele bringen eine unterschiedliche imkerliche Praxis hervor.

Während heutige Imker ihre Völker auf deren individuelle Größe und oft auf den Honigertrag hin optimieren, ist die Größe des Honigraums zuvor kein vorrangiges Ziel gewesen. Auch die heute verbreiteten Zuchtziele Schwarmträgheit und Brutfreudigkeit wären Zeidlern wohl nicht plausibel erschienen. Aus Sicht der Zeidler war das Ausschwärmen eines Volkes zu begrüßen, teilte und vermehrte sich das Bienenvolk dadurch doch und ließ bei Einfliegen in eine leere Beute auch eine große Wachsbeute erwarten. Die Bienen eines Schwarms können überraschend schnell Schwarmfangkörbe, in denen sie aus Imkersicht eigentlich nur provisorisch zu Transportzwecken ruhen, zu ihrer Behausung auswählen und in Stunden Waben aus hellem Wachs einziehen. Dieses frische Wachs ist noch nicht durch Bebrütung oder Pollen- und Nektareintrag eingedunkelt und besonders gut für rußfreies Verbrennen und sonstige Weiterverarbeitung geeignet. Der Honig wurde in Pressen, die möglicherweise Zweitnutzungen bei der Obstsafterzeugung gehabt haben, aus den Waben ausgepresst, und das

Wachs konnte geschmolzen werden. Beim Erstarren ließ es einen leicht zu entfernenden Trester und einen Horizont reinen Wachses zurück.

Strohkörbe statt Baumhöhlen

Der Umgang mit Bäumen durch die Zeidler war bereits von praktischen Hinsichten geprägt. Kaiserliche Privilegien stellten ihnen den Baumbestand für ihre riskanten Eingriffe in Bäume zur Verfügung. Anstatt jedoch Klotzbeuten mit Baumhöhlen aufzustellen, setzten sich als mögliche Alternativen für Jahrhunderte Strohkörbe durch.

Die jahrhundertelange Verwendung von Strohkörben veranschaulichen viele Honiggläseretiketten, auf denen sich der oben runde und unten flach-offene Stülpkorb als Symbol für die Bienenhaltung bis heute hält.

Wer einmal in einem Bienenmuseum gesehen hat, wie viele verschiedene Körbe in Benutzung waren, kann ermessen, welchen Standardisierungsschub die industrielle Fertigung heutiger Bienenbeuten leistet. Alle diese früheren Körbe waren in Stabilbau gestaltet, sodass die Bienen für die Honig- und Wachsernte durch Erschütterungen und Schläge auf den Korb ausgetrieben wurden. Danach konnten Imker mit langen Spezialmessern die Waben ausschneiden. Diese wurden dann mit einer Presse ausgequetscht, um Honig und Wachs zu trennen und das Wachs schmelzen zu können.

Während heute wenige Beutentypen in Mitteleuropa vorherrschen, waren Körbe früher auch in Handarbeit und individuell in großer Formenvielfalt herzustellen. Gemeinsam ist zumindest einer Mehrzahl der verschiedenen Körbe, dass sie den Bienen Hohlräume zur Besiedlung anboten, die lediglich kleine Haltestifte zum Anbau von Waben anboten. Erst im späten 18. Jahrhundert wurden in einzelnen Strohkörben Wabenhalter eingesetzt, die aber den Eindruck erwecken, kaum sinnvoll an der Korbinnenwand befestigt worden zu sein.

Holzkästen mit Wabenhaltern

Die ersten Versuche, Mobilbau und Korbbeuten zu kombinieren, deuten auf neue Bedürfnisse der Imker beim Bearbeiten ihrer Völker hin. Diese Entwicklung führte seit der Mitte des 19. Jahrhunderts zu verbindlichen Grundsätzen in der imkerlichen Betriebsweise. Seitdem werden rechteckige Kästen aus maschinell gesägtem und gehobeltem Holz eingesetzt, die durchgehend mit Mobilbau, mit beweglichen Wechselrähmchen als Wabenhalter ausgestattet sind.

Ein fächerartig, wie zum Durchblättern aus Rähmchen aufgebauter Beutenraum von François Huber aus dem ersten Drittel des 18. Jahrhunderts war möglicherweise ein Pionier der späteren Zeit, blieb in seiner Zeit jedoch eine Ausnahme. Hubers Vorstoß war jedoch ein wesentliches Indiz, dass nach Lösungen für eine weit verbreitete Haltung des Waldtieres Biene, unabhängig vom Wald, gesucht wurde.

Bienenkörbe aus Stroh im Zeidelmuseum Feucht (Auswahl).

Zur gleichen Zeit ging die waldzentrierte Zeidlerei stark zurück. Die Zeidler hatten ihr Praxiswissen stets nur mündlich weitergegeben, sodass der sorbische Bienenforscher Schirach um 1780 meinte, diese Praxis aufschreiben und der Nachwelt erhalten zu müssen. Die Zeidler erschienen den sich selbst so nennenden Volksaufklärern wie eine Gruppe rückständiger Personen, die ihr Modernisierungsdefizit nicht aufholen können würden.

Tatsächlich verliefen die Debatten über die beste Bienenhaltung unter Ausschluss der Waldimker. Anstatt mit ihnen zu diskutieren, hat man über sie berichtet. Man erkennt: Der entscheidende Schritt zur Bienenhaltung mit durch Imker gestalteten und aufgestellten Kunstbeuten war vollzogen. Der Weg zu den heute selbstverständlichen rechteckigen Kästen aus Hobelholz begann nach einer wesentlich längeren Phase, während der man mit abgerundeten Körben imkerte.

Die frei sich entfaltende Natur bringt keine Ecken hervor

Ein Erlebnis im Spätherbst in einem Wäldchen gilt als Initialzündung der Bienenkugel: Wie in der Abbildung auf Seite 19 oben ersichtlich, war der Baumbestand recht jung und bot offenbar keine Baumhöhle, sodass die Bienen dieses Volkes bis in die zweite Novemberwoche im Baum verblieben und durch Frost gefährdet waren. Dieses Volk rettete Andreas Heidinger, indem er es mit einer frühen Version der Bienenkugel, die modular aufgebaut war, umgab.

Die konventionellen, mehrheitlich rechteckigen Kästen unterliegen bereits in der herbstlichen Abendkälte, stärker aber noch im Winter einem ähnlichen Prozess wie nach dem Gießen auskühlende Gussteile. Diese kühlen von außen nach innen ab, wobei große Oberflächen schneller als kleine abkühlen.

Runder, natürlicher Wabenbau an einem Ast aufgrund des Fehlens einer geeigneten Baumhöhle oder einer anderen Behausung.

Vor diesem Hintergrund entstand die Idee, Bienen in der physikalisch und zugleich naturgeschichtlich optimalen Kugelform zu halten.

Dieses Vorhaben mag auf den ersten Blick im Gegensatz zu den heutigen Erwartungshaltungen an eine Bienenbehausung stehen. Insbesondere die etablierten Wechselrähmchen scheinen vielen nur in eckiger Form denkbar.

Traditionen sind aber nur die Illusion von andauernder Kontinuität, während die Welt sich stetig wandelt. Dass unsere Leser sich für einen Wandel der eigenen Wahrnehmung offenhalten, ist das Anliegen dieses Buches über die „Bienenkugel“.

Eckig vorgegebene Brutwabe mit rundem Brutnest.

DIE ENTWICKLUNG DER BIENENKUGEL

Die Bienenkugel nahm im Jahr 2005 ihre Anfänge, ohne dass Andreas Heidinger diese Entwicklung ursprünglich beabsichtigt hatte. Die Impulse, die ihn dazu führten, können zum Verständnis der Bienenkugel als Beutensystem beitragen und sind spannende Episoden aus einer wie von selbst entstandenen „Citizen Science".

VON DER BEOBACHTUNG ZUR IDEE

Teils waren es Begegnungen mit interessierten Menschen, Nachfragen von Laien und Gespräche mit Experten, teils waren es Zufälle, wie der Bienenschwarm im Obstbaum (siehe Foto Seite 19 oben). Stets aber waren es interessierte Beobachtungen des engagierten Imkers und Hobbylandwirts, der das Beste für die Bienen erreichen möchte. Das Konzept der Bienenkugel führte dazu, dass verschiedene Welten aufeinandertrafen:

- die Welt der heutigen Hobby- und Berufsimker,
- die Welt elektronischer Spezialfirmen,
- die Welt der biologischen Fachwissenschaft,
- die Fertigungs- und Planungsweisen von CAD aus industriellem Gießereiwesen und Maschinenbau sowie
- eine öffentliche Meinung, die nach Lösungsansätzen für die Bienenfrage hungert.

Ein unbeabsichtigter Bienenkauf

Der wichtige erste Impuls zur erforschenden Bienenhaltung war die Übernahme eines Obstgartens mit vielen verschiedenen Obstbäumen. Alle waren im tragfähigen Alter und standen oberhalb einer waldartigen Böschung. Erst im Frühjahr machte sich eine unscheinbar am Boden stehende Holzkiste bemerkbar. In den Märzsonnenstrahlen flogen vereinzelt einige Bienen aus der eckigen Kiste zunächst hoch in die Luft und schienen dann in eine gemeinsame Richtung mit kaum hörbarem Summen abzuschwirren.

Apfelblüte im neu erworbenen Obstgarten mit Apfelbäumen verschiedener Sorten.

Die rechteckigen Bienenbehausungen stammten vom Vorpächter, dem Bienen sinnvoll für die Bewirtschaftung des Obstgartens erschienen waren, der jedoch das Interesse daran verloren hatte. Wie bei vielen von uns, hatte auch Andreas Heidinger zuletzt in der Kindheit Kontakt zu Bienen gehabt, als ein Bienenschwarm gegenüber von seinem Elternhaus zur Ruhe gekommen war und sichtbar an einem Ast hing. Damals war ein benachbarter Imker gekommen und hatte den Kindern gezeigt, wie er den Schwarm in einen Kasten schlug. Drei Jahrzehnte später brachte die Streuobstwiese diese Erinnerungen zurück. Von jetzt an sollte es sieben Jahre dauern, bis Andreas Heidinger selbst einen Schwarm einfangen und ihn in das von ihm selbst entwickelte Beutensystem einlaufen lassen würde.

Viele Begegnungen mit Menschen und Anregungen aus verschiedenen Teilwelten haben letztendlich die Bienenkugel ermöglicht und ihre Entwicklung vorangebracht.

Ein Problem und seine Lösung

Zunächst standen die Bienen aber nicht im Mittelpunkt. Andreas Heidinger bot die Bienen einem älteren Imker an, dem Onkel eines Freundes, der zufällig in der Nähe wohnte. Gemeinsam öffneten sie den Kasten und stellten fest, dass nur noch wenige Bienen im Stock waren und diese nicht überleben würden, weil keine Königin mehr vorhanden war. Der Kasten stand zu diesem Zeitpunkt, nach einem frühmorgendlichen Transport mit verschlossenem Flugloch, auf dem Imkerstand, sodass diese sonst todgeweihten Bienen durch Beigabe in ein stabiles Volk gerettet werden konnten.

Nun war der von weitläufigen Feldern umgebene Obstgarten ohne Bienen, aber die Idee zur Bienenhaltung war ab jetzt präsent. Denn zur Bewirtschaftung des Obstgartens mit Wanderbienen sah sich der freundliche Beraterimker nicht in der Lage, ermutigte jedoch zum nächsten Schritt: „Fang doch selber mit der Bienenhaltung an. Ich gebe Dir für den Anfang zwei Bienenvölker."

Vieles an dieser Begegnung war typisch für die aktuelle Imkerei und die Imker als gesellschaftliche Gruppe. Über das Thema Bienen kommt man schnell in Kontakt und genießt das Vertrauen der erfahrenen Imker. Erwirbt man von ihnen Bienenvölker oder Ableger, ist damit meist auch das Rähmchenmaß und das Beutensystem vorgegeben. Als Magazinbeuten sind sie mobil und können im Freien unter einem Unterstand aufgestellt werden. Um diese Bienen zu bewirtschaften, besorgte sich Andreas Heidinger Ratgeberliteratur und buchte einen Imkerkurs für April. Der letzte Satz des Referenten, „jeder muss seinen eigenen Weg beim Imkern finden", bewahrheitete sich für den Neuimker schon im Sommer.

Faszination und Verletzlichkeit des Brutnests

„Wie ein Blick ins Herz des Menschen." – jeder kann mit den Worten von Johann Wolfgang von Goethe nachvollziehen, wie es sich anfühlt, erstmals mit den Bienen alleine zu sein und die ersten Rähmchen aus dem Bienenvolk herauszunehmen. Diesen Einblick in ein Bienenvolk verglich der Dichter mit dem Blick in das Herz eines Menschen. Das passt zu den Erläuterungen aus dem Bienenhaltungskurs. Das Brutnest wird stets von der Königin und den pflegenden Bienen in Form einer Kugel angelegt. Auf den einzelnen Waben ist das durch die kreisförmige Anordnung der Brutzellen zu erkennen. Diese Erkenntnis sollte dann zu einem Schlüsselerlebnis bei der Entwicklung der Bienenkugel werden.

Der Reiz des Imkerns, von dem jeder Imker mit Begeisterung spricht, besteht in der andauernden Handlungsaufgabe und Beobachtungsmöglichkeit am Bienenstock.

Imker können den wachsenden Völkern beim Gedeihen so lange zuzusehen, bis die Kästen gut mit Bienen gefüllt sind, das Brutnest auf regelmäßige Bestiftung durch die Königin gesichtet wird und eine Bestätigung für die Gesundheit der Königin und die innerstockliche Monarchie (17. Jahrhundert), Demokratie (Seeley) oder Diktatur (Jim Tew) erlangt ist. Oft setzen die Imker dann – wie Andreas Heidinger im Fall seiner Trogbeuten – einen weiteren Kasten mit Holzrähmchen auf den Kasten mit dem Brutnest auf und geben den Bienen dadurch Gelegenheit, ihren gesammelten Honig in diese Waben einzulagern.

Trachtquellen und Trachtlücken

Zu Christian Kuhns Kindheitserinnerungen zählt folgende: Zwischen den Mahlzeiten standen sein Großvater mit Hosenträgern, sein Patenonkel, sein Onkel und sein Vater vor dem Bienenhaus ihres Vaters auf dessen Hof und beratschlagten über die Flugrichtung und -intensität der Bienen.

Noch vor wenigen Jahrzehnten war eine regelmäßige Imkeraufgabe die Überlegung, welche Trachtquelle die Bienen gerade sammelten. Die Imker interessierten sich für möglichst sortenreinen Honig, der unterschiedliche Lagereigenschaften, Aussehen und Aroma hat. Dafür beobachteten sie die Farbe des von den Bienen eingetragenen Pollens, gleichzeitig aber auch die aktuellen Witterungsverhältnisse, die beispielsweise die Lindenbäume benötigen. Linden benötigen nämlich einige Wochen mit andauernder Wärme und gelegentlichen Regenschauern, um Nektar geben zu können. Geht man dann unter Lindenbäumen hindurch, so brummt die Luft von verschiedenen Bienenarten und Hummeln, und die Linden verströmen einen intensiven natürlichen Duft.

Im Verlauf folgte eine Trachtquelle auf die andere, änderte sich die Flugrichtung der Bienen und die Dauer ihres Fernbleibens. Einige kehrten so erschöpft zurück, dass sie nach ihrer Rückkehr zunächst auf der Klappe vor dem Flugloch Erholung suchten und ihre „Pollenhöschen" auszustellen schienen. Die Imker konnten dann abschätzen, wie viel Zeit ihnen blieb, einen Teil des zu erwartenden Honigs zu ernten, nach Abwarten der Reifezeit, während der die Bienen ihren Honig durch mehrfaches Umtragen des Nektars in verschiedene Wabenbereiche zur Reifung und Absenkung des Feuchtegehalts brachten. Auf diese Weise erlebten die Imker den Jahresablauf durch die Bienen vermittelt mit.

Heute ist diese Beobachtungsaufgabe eher darauf gerichtet, dass die Bienenvölker nicht Trachtlücken erleiden. Im Sommer haben die Bienen einen hohen Energieumsatz, weil sie in größerem Umfang Brut versorgen, am weitesten fliegen und auch ihren Honig mit dem Imker teilen. Fällt im Obstgarten von Andreas Heidinger die Rapstracht der umliegenden Felder nach vielleicht zwei, drei intensiven Wochen ganz weg, dann bleibt seinen Bienen keine vollwertige Alternative, um Honig zu sammeln. Die Vorstellung, Bienen auf dem Land seien hinreichend mit Tracht versorgt, ist nicht mehr der Regelfall.

Durch ihr regelmäßiges engagiertes Beobachten und Handeln sorgen die heutigen Imker dafür, dass die von ihnen gehaltenen Bienen überleben können.

Brutraumerweiterung in Rundform

Der Brutraum wird von den Imkern in der Größe der Anzahl der Rähmchen angepasst. Neben großen Völkern, die schon im Frühsommer die maximale Anzahl von Rähmchen bis an das Schauglas voll besetzen, halten sich andere Völker länger zurück. So ein langsameres Volk erweiterte Andreas Heidinger mit leeren Wechselrähmchen und gab ihnen Gelegenheit, ohne Vorgabe ihre Wachswaben in den Rahmen hineinzubauen. Dabei fiel ihm erstmals auf, dass die Bienen schon mit dem Ausbauen des nächsten Rähmchens beginnen, obwohl das erste, das näher am Brutnest hängt, noch nicht abgeschlossen ist. Die Bienen bauen demnach in runder beziehungsweise kugeliger Form. Ebenfalls rund war auch die Wärmeentfaltung am oberen Deckel, mit einem schon mit bloßer Hand spürbaren Wärmezentrum in der Mitte und geringerer Temperatur in den Ecken und Außenseiten.

Ähnlich dem runden Brutnest erfolgt also auch die Bautätigkeit der Bienen in runder Form.

Optimale Temperatur im Brutnest

Zur Versorgung der Brut gehört neben einer gewissen Wabenvibration, die die Eierstifte und Bienenmaden in Position leicht gemäß den sechseckigen waagerechten Zellenröhrchen ausrichtet, vor allem auch eine konstante Temperatur von 35 Grad Celsius. Diese Temperatur kann in der Baumhöhle gut gehalten werden. Das Brutnest wandert im Jahresverlauf in der vertikalen Länge der Baumhöhle, sodass die optimale Temperatur mit möglichst geringen Heiz- und Ventilationsleistungen erreicht werden kann: sowohl im Winter – mit dem Brutnest oben – als auch im Sommer – mit tiefersitzendem Brutnest.

Imkersprache und Imkerhandeln auf dem Prüfstand

Aus ihrer Sicht als Tierhalter müssten Imker die Bienen in Baumhöhlen als „behandlungsfrei“ charakterisieren. Bemerkenswerter wäre es jedoch, umgekehrt festzuhalten, dass die Bienen in den vom Menschen aufgestellten Beuten in ihren natürlichen Abläufen beeinflusst werden.

Ausdehnung und Vergrößerung

Die Erfahrung um die Beeinflussung der Bienen durch den Menschen machte Andreas Heidinger gleich im ersten Jahr, als er bei einer gut ausgebildeten Brut in seinen Völkern endlich die Honigräume auf den Brutraum setzte. Das sind Kästen mit bereits von Bienen ausgebauten Wechselrähmchen, die genau auf den unteren Kasten passend gebaut sind und die nach der Honigernte wieder entfernt werden können. Bieten Imker ihren Bienen diese Vergrößerung nicht, kann es zu verstärktem Ausschwärmen kommen. Die für den Honigeintrag notwendige Anzahl der Bienen ist dann nicht mehr vorhanden. Deshalb gibt der Imker den Bienen den notwendigen Entwicklungsraum.

Wetterumschwung – Anforderungen an die thermische Stabilität

Obwohl es also gute Gründe gab, den Honigraum aufzusetzen, wurde die Kirschblüte im Jahr 2005 zu einer prägenden Erfahrung für Andreas Heidinger. Er wählte einen sonnigen Tag, sah zunächst seine früheren Beobachtungen zum Brutnest, zur Größe des Volkes und seiner Honigvorräte bestätigt und setzte dann den Honigraum auf. Unerwarteterweise kam es zu einem Wetterwechsel. Die Trogbeuten mit Aufsätzen standen vierzehn Tage lang unter einem kleinen Dach, und die Bienen konnten aufgrund von kaltem und regnerischem Wetter wenig ausfliegen. Als das Wetter sich besserte, hatten die meisten Sorten der Kirschbäume im Obstgarten bereits ausgeblüht, aber es waren noch Bereiche übrig. Dennoch begannen die Bienen zunächst nicht mit dem Ausfliegen, sondern trugen geduldig kleine weiße Stifte aus dem Flugloch heraus. Bei der Kontrolle des Volkes waren erhebliche Veränderungen der Brutwaben zu erkennen. Im Zentrum, wo sich die Brut bis an die außen gelagerten Honigvorräte ausgedehnt hatte, war nur noch ein verkleinerter Kreis von Brut übriggeblieben. Das Brutnest war besonders an den Seiten und unten auf den Rähmchen von einem breiten Streifen leerer Zellen umgeben und der Honigvorrat erschien verringert.

Ohne es zu wollen, hatte der Imker seine Bienen gestört. Indem er den Honigraum aufgesetzt hatte, war über dem gesamten Brutraum ein weiterer großer Raum entstanden, der den Bienen über ein Absperrgitter zugänglich war, aber noch nicht gleich vollständig ausgefüllt werden konnte. Die Außenoberfläche des Kastens hatte sich vergrößert und das Brutnest war damit schwerer warmzuhalten. Zwar waren die Bienen im Stock und konnten sich nahe der Brut aufhalten und ein Abstrahlen der Wärme verhindern. Jedoch stieg die warme Luft aus dem Brutnest in den Honigraum. Die Heizerbienen erzeugten dann häufiger und länger als sonst Wärme.

Für die Wärmeerzeugung setzen die Heizerbienen ihre Flugmuskulatur ein.

Offenbar war es der in Andreas Heidingers Kästen vorhandenen Zahl an Bienen nicht gelungen, die Brut dauerhaft mit ausreichend Wärme zu versorgen – beginnend bei denjenigen Brutzellen, die sich am Rande des Brutnests befanden. Die von der Königin gelegten Stifte waren aus dem üblichen Brutvorgang ausgeschieden und es war das typische Bild von Kalkbrut entstanden. Womöglich wäre es besser gewesen, den Honigraum erst zu Beginn einer stabilen Schönwetterphase aufzusetzen. Schäden wie dieser zeigen deutlich, wie verletzlich die thermische Situation im Bienenvolk ist. Ein neues Beutensystem sollte den hier beobachteten natürlichen Bedürfnissen besser Rechnung tragen.

Wie kühlt ein warmer Gegenstand aus?

Die Beobachtung, dass ein rundes, warmes Gebilde wie das Brutnest von Auskühlung bedroht sein konnte, begleitete Andreas Heidinger auch in seinem beruflichen Alltag bei der Entwicklung von Gussteilen. Ihn begann die Analogie zwischen auskühlendem Brutnest und den Abkühlungsprozessen bei aus flüssigem Eisen gegossenen Maschinenbauelementen zu beschäftigen.

Verhältnis Oberfläche zu Volumen

So wie die eckige Magazinbeute im Obstgarten schnell ausgekühlt war, als die Außentemperaturen sich vorübergehend abgesenkt hatten und seine Oberfläche vergrößert worden war, so kühlen auch Gussteile umso schneller aus, wenn sie eine größere Oberfläche besitzen. Ist dagegen nur wenig Oberfläche vorhanden, etwa bei runden Gusswerkstücken, so bleibt die Hitze beim Erstarrungsvorgang und Abkühlungsprozess länger erhalten. Geometrisch gesehen hat die Kugel gegenüber anderen Körperformen die kleinste Oberfläche im Verhältnis zum Volumen. Weniger Oberfläche bedeutet, dass weniger Wärme entweichen kann. Ein filigran gegossenes Gitter kühlt viel schneller aus als ein gegossenes Werkstück mit Materialanhäufung.

Ein Quader hat mehr Oberfläche als eine Kugel, daher kühlt eine Kugel langsamer aus.

Da die Abkühlungsprozesse beim Gießen relevant sind für die Eigenschaften des Werkstücks, seine Haltbarkeit, Einsatzmöglichkeiten und innere Beschaffenheit, simuliert man den kompletten Gießvorgang einschließlich des Abkühlungsvorganges vorab am Computer.

Bevor Gussteile gegossen werden, werden mögliche Gussfehler am Computer für die Produktentwicklung berücksichtigt und Fehlerquellen vorab konstruktiv verändert. Um beispielsweise das Abkühlen eines kompakten Bauteils zu beschleunigen, kann durch konstruktive und gießtechnische Maßnahmen – Vergrößerung der Oberfläche – die Abkühlung beschleunigt werden. Beim Gießen entflieht die Wärme schneller aus dem erstarrenden Eisen, je größer seine Oberfläche ist, und gegossene Kugeln kühlen langsam ab.

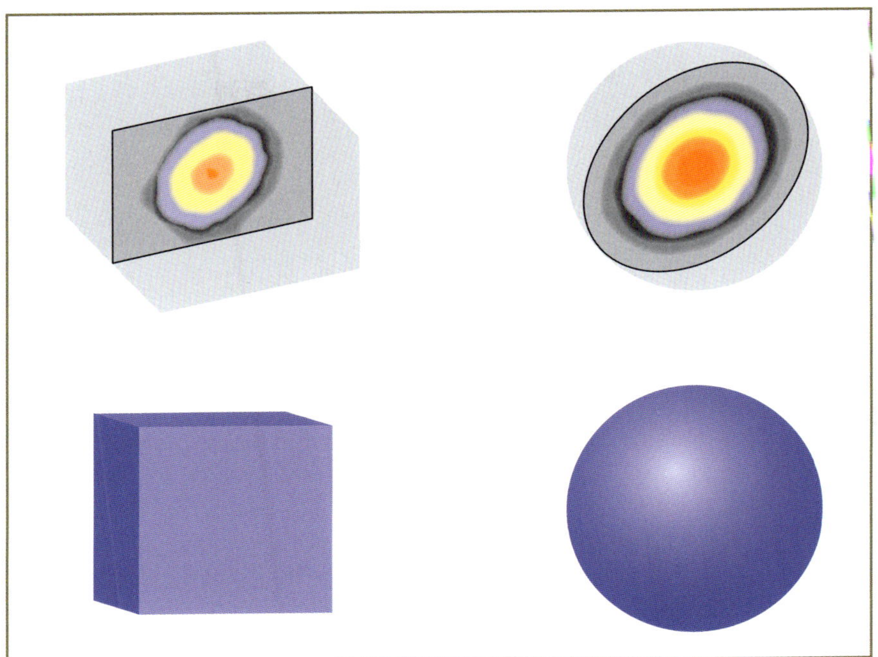

Computer-Simulation und Temperaturberechnung bei Abkühlungsprozessen.

Das rund angelegte Brutnest in den Trogbeuten aus dem Beispiel im vorherigen Abschnitt war bereits durch einen Wetterwechsel so schnell ausgekühlt, dass es die Entwicklung des Volkes erheblich und mittelfristig schädigte. Nicht auszudenken, welchem Stress die Bienen im Winter bei viel größeren Temperaturunterschieden und länger anhaltenden Kälteperioden ausgesetzt wären und sind. Andreas Heidinger begann daher, über eine Bienenhaltung in einer Kugel nachzudenken, die es so zu diesem Zeitpunkt nicht gab. Zu diesem Vorhaben trug eine Reihe entscheidender Begebenheiten bei, die im folgenden Kapitel vorgestellt werden.

Kontrasterfahrung in China als „Starthilfe"

Wie in dem später erschienenen und mehrfach ausgezeichneten Film „More than Honey", hinterließen Erfahrungen in China prägende Bilder und starken Antrieb bei Andreas Heidinger. Er nahm 2012 an einer Chinareise mit dem Imkerverband teil und fand dort eine Atmosphäre der Ratlosigkeit und Verharrung in hergebrachten Methoden der Bienenhaltung vor.

Erstarrte Denkweisen

Die Reisegruppe umfasste 40 Imker, die gemeinsam ein Bieneninstitut, Bienenmuseen und eine Klinik für Traditionelle Chinesische Medizin (TCM) unter dem Aspekt der heilenden Wirkung der Bienen besichtigten. Ganz so wie die mit Pinselbestäubung in Obstbäumen beschäftigten Hilfsarbeiter im Film von Markus Imhoof schien sich die chinesische Bienenforschung den Problemen der Bienenhaltung, den Parasiten und den bislang unerklärlich scheinenden Belastungsfaktoren schutzlos ausgeliefert zu sehen – so empfanden die deutschen Teilnehmer das Problem als eine Art von „Verharren“ in etablierten Methoden. Der fließend deutsch sprechende Reiseführer vermittelte die Sorgen und Bedenken im Bieneninstitut intensiv, er konnte der Reisegruppe aber erst in der TCM-Klinik ein paar Zuversicht vermittelnde Aspekte eröffnen.

Wertschätzung der Biene als „Heilmittellieferantin“

In der TCM-Klinik wurde vor den Augen der Teilnehmer eine Patientin mit einem diffusen Krankheitsbild und Lähmungserscheinungen mit planmäßigen Stichen von mehr als 30 lebenden Bienen behandelt – eine Anzahl, die der von Gesundheitsbehörden als behandlungsbedürftig riskant angegebenen 40 Stichen bei Kindern oder 100 Stichen bei Erwachsenen nahekommt. Mit großer Selbstverständlichkeit setzte der Arzt einzelne Bienen auf die in der TCM hochgeschätzten Meridianpunkte der Patientin auf. Während er die Insekten mit einer Pinzette festhielt, fuhren sie bereits den Stachel aus und wurden erst dann auf die Haut aufgesetzt, um zu stechen. Prägend war diese Situation wegen der Wertschätzung der Heilkraft der Biene.

In der Traditionellen Chinesischen Medizin schätzt man gezielt eingesetzte Stiche von Bienen als Heilmethode.

Kreativer Anstoß für den Prototyp der Bienenkugel

Diese Kontrasterfahrung im Vergleich mit dem Beharrungsdruck im Bieneninstitut und die anregenden Gespräche bei den Busfahrten und abends im Hotel gaben Andreas Heidinger den Anstoß, über eine optimale Behausung für Bienen ganz grundsätzlich nachzudenken. Er hatte zu diesem Zeitpunkt bereits die Idee entwickelt, eine Kugelform zu verfolgen, die dennoch bewegliche Wechselrähmchen enthalten sollte. Die Reisegesellschaft war so von gemeinsamen Erfahrungen und Interessen geprägt, dass sie die Kommunikation, die im deutschen Alltag Wochen und Monate gedauert hätte, auf einen Abend verdichtete. Die mitgereisten Imker stimmten grundsätzlich zu, dass sich die Bienenhaltung seit Jahrzehnten in einer sich verschärfenden Krise befinde. Andreas Heidingers Vorschlag, das Bienenvolk in einer Beute in Kugelform zu halten, wurde zustimmend zur Kenntnis genommen. Obwohl die Zustimmung praxisenthoben blieb, gaben erfahrene Imker zahlreiche Hinweise, was Heidinger bei einer Neukonstruktion, von der die Imker sich selbst jedoch nicht betroffen sahen, unbedingt beachten sollte. Aufgrund dieser Gespräche und Eindrücke entschied Andreas Heidinger auf dem Rückflug nach Deutschland, zu Hause mit der Konstruktion des Prototyps der späteren Bienenkugel 1.0 zu beginnen.

WAS SOLL EINE BIENENORIENTIERTE BEUTE LEISTEN?

Am Anfang stand eine Art Lasten- und Pflichtenheft, um festzulegen, was die neue Bienenbehausung alles an Konstruktion- und Funktionselementen beinhalten musste, und welche Werkstoffe für die „Bienenkugel“ infrage kamen.

Zunächst sollten die praktischen Funktionen der sogenannten Magazinbeuten erhalten bleiben, gleichzeitig jedoch auch die Lebensbedingungen an der Biene orientiert werden. Imker sollten weiterhin die Möglichkeit erhalten, die Bienengesundheit anhand der Eiablage, der Brut und des Gemülls beispielsweise auf Varroabefall zu kontrollieren. Dazu war ein Mobilbau aus entnehmbaren Rähmchen beizubehalten. Oft bebrütete Altwaben, die die Bienen im natürlichen Umfeld durch Zurücklassen in der Baumhöhle radikal wechseln würden, konnten durch Wechselrähmchen bei Gelegenheit ausgeschnitten und zum Neuausbau bereitgestellt werden. Auch sollten vorübergehende Raumerweiterungen durch einen zusätzlichen Brutraum und Honigräume möglich sein. So sollten die Imker die Entwicklung der Völker begleiten und ein wesentliches Handlungsmotiv, nämlich Honig zu ernten, beibehalten können.

Vermieden werden sollten unnötige Belastungen und unnatürliche Zustände, wie Andreas Heidinger sie bei seinen ersten Bienenvölkern beobachtet hatte. Natürliche und bienenverträgliche Materialien konnten keinesfalls eine Abdeckfolie aus Plastik sein, wie sie regelmäßig in Magazinbeuten für Kondenswasser und Schimmelbildung sorgen. Stattdessen sollte ein definierter Abstand zwischen den runden Rähmchen zum äußeren runden Behältnis berücksichtigt werden. Um aber beim Öffnen des oberen Behältnisses ein Herausziehen der Waben zu verhindern, wurden Arretierungen eingeplant. Sie sollten die Rähmchen trotz eventueller Wachsüberbauten an ihrem Ort halten, wenn die obere Kugelhälfte geöffnet wurde.

Das Volumen der geplanten Kugel wurde dem eckiger Beuten angepasst, zunächst auf ca. 50 Liter (50 dm³), was einem Kugeldurchmesser von ca. 470 Millimeter entspricht. Mittlerweile wurde die Volumenberechnung herabgesetzt, denn die ursprüngliche Größe bezog auch diejenigen Wabenbereiche mit ein, die von den Bienen nicht bebaut wurden.

DER PROTOTYP DER BIENENKUGEL 1.0

Mit den oben genannten Vorgaben und Parametern entwickelte Andreas Heidinger einen ersten Prototyp.

Vom Computer an die Kreissäge und Fräsmaschine

Der berufliche Hintergrund als gelernter Modellbauer und Gießereitechniker beschleunigte, ja, ermöglichte erst die nächsten Schritte. Ohne das Ziel einer zukünftigen kostengünstigen Serienfertigung zu verfolgen, konnte Andreas Heidinger dennoch moderne Konstruktions-, Fertigungs-, und Messmethoden für diese neue kugelige Bienenwohnung einsetzen. Ein befreundeter Modellbauer stand bei der Umsetzung ebenso bereit wie eine Arbeitsstation für „Computer Aided Design“ (CAD), mit der auch unregelmäßig geformte Körper dreidimensional erstellt, genau vermessen und maßstabsgetreu gezeichnet werden können. Die Planung begann mit den Rähmchen als dem eigentlichen Lebensraum der Bienen und setzte sich mit der Außenhaut fort. Wie könnte also um die in Rähmchenform umgesetzte Kugelform ein geeignetes Holzbehältnis gestaltet werden, das den Ansprüchen einer imkerlichen Bienenhaltung gerecht würde?

Alte Fragen neu stellen

Der Plan, eine eigene Beute zu konstruieren, warf viele Fragen auf, die in der Geschichte der Bienenbeuten bereits unterschiedlich beantwortet worden waren. Dies zeigt ein Besuch in Bienenbeutensammlungen wie etwa im Bienenmuseum Weimar, der Sammlung Armbruster in der Domäne Berlin-Dahlem oder im Nürnberger Zeidelmuseum. Die äußeren Formen sind vielfältig; sie reichen von abgerundet kegelförmigen „Stülpern“, die zum Bearbeiten auf den Kopf

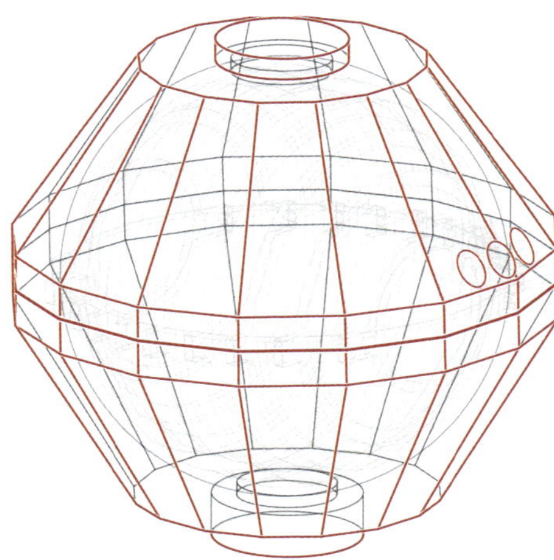

Konstruktionszeichnung der Bienenkugel 1.0.

Erster Prototyp: die Bienenkugel 1.0.

gestellt werden müssen, bis hin zu stapelbaren Korbgeflechtringen, die Erweiterungen ermöglichen.

Alle seit dem späten 18. Jahrhundert aus flachgehobelten Brettern gefertigten Bienenbeuten verfügen über Wechselrähmchen, ebenso wie die wenigen Korbbeuten, die ebenfalls in eckigen Formen – gewissermaßen als Vorläufer der bis heute erhaltenen Bretter- und Styroporbeuten – hergestellt wurden. So vielfältig die Varianten auch sind, so ist ihnen allen gemeinsam, dass die verwendeten Beutensysteme die imkernden Menschen auf bestimmte Handlungsmöglichkeiten festlegen. Hier setzte Heidinger neu an.

Materialsuche

Zunächst war für die unterschiedlich großen Rähmchen in der Bienenkugel ein geeignetes Material auszuwählen. Dabei war die geringe Auflagefläche von Rundrähmchen im Sockel der Bienenkugel zu berücksichtigen, die stabil genug sein musste, um eine mit Brut und Honig gefüllte Wabe zu halten. Nach etlichen Versuchen mit unterschiedlichen Sperrholzdicken wurde zunächst zehn Millimeter dickes Sperrholz ausgewählt, das mit seitlichen Füßen in arretierende Halterungen in der Bienenkugel eingesetzt werden konnte. Wegen des hohen Materialaufwandes – aus Sperrholzplatten ringförmige Ausschnitte herzustellen – und zur Optimierung der Stabilität ging die Materialauswahl mithilfe von 3-D-Druck mit nachwachsenden Rohstoffen weiter.

Größe anpassen

Bedingt durch die Neukonstruktion ergaben sich weitere Fragen, die das Leben der Bienen betreffen. Die Größe der Rähmchen bestimmt das Kugelvolumen. Hier war im Vergleich zum Prototyp eine Anpassung vorzunehmen. Bienenbeuten haben unterschiedliche Volumina. Aufgrund des Mangels an alten Bäumen mit darin lebenden Bienen können heute kaum umfassende Rückschlüsse auf das Leben der Bienen in früheren Zeiten gezogen werden. Die Kugel ist jedoch nicht – wie Wechselrähmchenkästen – in der Größe des benutzbaren Raumes variabel. Heidinger verkleinerte die Kugel auf das aktuelle Volumen von 33 Litern, in dem ausreichend Honig für die Überwinterung gelagert wird.

Schwingende Lagerung

Brutwaben werden von den Bienen zudem nur unvollständig an die Trägerrähmchen angebaut. Sie bauen ausschließlich die obere Hälfte fest an: bei Rundrähmchen nur 180 Grad, in eckigen Rähmchen die obere Hälfte. Die untere Hälfte ist von einer kleinen, durchgehenden Lücke von annähernd einem Zentimeter zum Rähmchen gekennzeichnet. Diese Tatsache interpretieren Bienenforscher als die Möglichkeit, die Brutwaben geplant und zum Zweck der Kommunikation in Schwingungen versetzen zu können. Auffällig ist dabei jedoch, dass ausschließlich Brutwaben frei schwingen können, sodass ein besonderer Nutzen für die Brut vermutet werden dürfte – möglicherweise, um durch kleinste Bewegungen die Position der Brut zu optimieren, ausgehend von dem von der Königin in die Zelle gelegten Stift. Wer das unruhige Brausen der Bienenstöcke erlebt, wenn etwa bei Waldarbeiten mit schweren Maschinen der Boden erzittert, wird mit Blick auf die schwingende Lagerung der Bruträhmchen eine Erklärung finden.

Waben mit Honigernte sind dagegen auch im eckigen Rahmen regelmäßig vollständig fest verbaut und häufig sogar mit der Außenwand fest durch Wabenbrücken verbunden. Davon geben die üblichen Werkzeuge – wie der Stockmeißel – zum Lösen dieser festen Waben Zeugnis. Ebenso auch die Beschwerden älterer Imker, etwa bei Hinterbehandlungsbeuten, bei denen tief im Kasten gearbeitet wird, um Rähmchen zu lösen.

Gestalten und Erforschen: die Bienenkugel 1.0

Bienen bauen ihre Waben im Naturbau mit dem Ziel, eine dauerhafte Stabilität zu erreichen. Sie verfügen über die Möglichkeit, Waben weiter fortzubauen, Ecken zu verschließen und Übergänge zu Außenseiten zu gestalten. Dabei spielen viele weitere Faktoren eine Rolle, unter anderem der Wärmehaushalt und die Luftzirkulation. Diese Waben bleiben jedoch einen Bienenvolkwohnaufenthalt lang erhalten; die Bienen scheinen lediglich die Möglichkeit zu nutzen, eine ausgebaute Baumhöhle zu verlassen und eine neue Unterkunft aufzusuchen und neu auszubauen.

Die erste Bienenkugel entsprach vom Volumen her einer herkömmlichen Beute, allerdings erwies sich der Durchmesser der großen Rähmchen als zu groß gewählt. Denn diese besonders großflächigen Waben brachen bei einer Wabenkontrolle bei warmen Temperaturen leicht. So informierte die Praxis quasi den Entwickler und ermöglichte eine Verbesserung der Benutzbarkeit.

Gestaltet man eine Bienenbeute gänzlich neu, wie Andreas Heidinger 2012, so treten viele Fragen in den Vordergrund, die im laufenden Imkerbetrieb als längst beantwortet gelten:

- Welche Größe und Position sollte das Flugloch haben? Hier gibt es historisch und aktuell unterschiedliche Lösungen.
- Sollten die Waben quer oder längs zum Flugloch stehen? Hier gibt es doch sowohl bei Warm- und Kaltbau Vorteile.
- Ermöglicht die Kugel hinreichend Brutvolumen und Futtervorräte?

Umsetzung der Vorgaben

Für den Rähmchenabstand wählte Andreas Heidinger das in allen gängigen Beutensystemen verwendete Maß von 35 Millimetern. Um das Gemüll auf Varroa untersuchen zu können, erhielt die untere Kugelseite ein 90 Millimeter großes Loch mit einem Varroagitter und einen Gemüllbehältnis in der Form einer Schublade.

An der oberen Kugelseite wurde eine ebenso große Öffnung angebracht, die den Bienen den Aufstieg in einen aufsetzbaren Honigraum sowie dem Imker eine eventuell notwendige Varroabehandlung und Einfütterung ermöglicht. Die Kugelhälften sollten mit einem Scharnier verbunden sein. Vor allem aber musste die untere Halbkugel den Rähmchen festen Halt bieten. Alle diese Fragen verlangten eine Antwort und es war bereits Ende Februar: Um die Entwicklung am lebenden Volk ausprobieren zu können, blieb nur noch wenig Zeit, die noch unbesetzte Beute zu gestalten.

Der Umzug ins neue „Heim“

Ende März 2012 war der erste Prototyp der „Bienenkugel“ fertig und wurde am folgenden Sonntag bei angenehmen 25 Grad Celsius mit einem Volk aus einem eckigen Kasten besetzt. Bei diesem ersten Versuch schnitt Andreas Heidinger die Brutwaben in die runden Rähmchen ein. Was er nach drei Tagen erlebte, bestätigen übereinstimmend alle Bienenkugel-Imker und -Imkerinnen: Die Stimmung der Bienen ist betont friedlich und gelassen, obwohl das Brutnest beim Öffnen der oberen Hälfte weiter als bei Hinter- oder anderen Oberbehandlungsbeuten freigelegt wird.

VERGLEICHE ZWISCHEN RUND UND ECKIG

Die gediegene Entwicklung des Bienenvolks machte Andreas Heidinger neugierig auf die Abläufe im Inneren der Kugel. Aufgrund seiner beruflichen Tätigkeit in der Simulation von Vorgängen beim Herstellen von Gussteilen war ihm bekannt, dass die Temperatur in Geometrien mit geringer Oberfläche viel länger verbleibt als in großflächigen oder eckigen Geometrien.

Nicht nur enorme Wanddicken und Isoliermaterialien helfen, die Wärme zu speichern, sondern es kommt auch wesentlich auf die richtige Form an.

Testkriterium Wärmespeicherfähigkeit

Um die Auswirkungen der Kugelform im Fall der Bienenkugel zu ergründen, führte Andreas Heidinger Temperaturmessungen mit Temperatursensoren mit Datenloggern durch, deren definierte Positionen in den folgenden Bildern dargestellt sind. Damit ließ sich stündlich die gemessene Temperatur aufzeichnen und in Bezug zur Außentemperatur bringen.

Temperatursensoren an der Trogbeute.

Temperatursensoren an der Bienenkugel 1.0.

In der Ergebnisdarstellung zeigt die rote Linie die Außentemperatur. Die schwarze Linie beschreibt die Temperatur im Brutbereich der Bienenkugel, die grüne Linie die Temperatur im Brutbereich der Magazinbeute. Außerhalb des Brutbereichs zeigt die gelbe Kurve die Temperatur außerhalb des Brutbereichs in der Magazinbeute und die blaue Linie die Temperatur außerhalb des Brutbereichs der Bienenkugel an.

Beide Beutensysteme zeigen übereinstimmend eine Bruttemperatur im Zentrum der Brut bei konstant 35 Grad Celsius, mit geringfügigen Schwankungen von 2 Grad Celsius. Anders dagegen die äußeren Bereiche in der Magazinbeute, bei der im Nachtverlauf Temperaturabsenkungen von bis zu 10 Grad Celsius gemessen wurden. In der Bienenkugel fielen die Temperaturabsenkungen mit maximal 5 Grad Celsius wesentlich geringer aus, wie die blaue Linie zeigt.

Die Auswertung der Temperaturmessungen bestätigt die Annahme, dass die Kugelbeute im Vergleich zur Magazinbeute eine energieeffizientere Bienenbehausung ist.

Diesen Vorteil gewichtete einige Jahre später die Berufsimkerin Annette Seehaus noch stärker mit Blick auf die Brutzeit der Bienen. Ihrer Erfahrung nach verlängern Temperaturabsenkungen unter die notwendigen 35 Grad Celsius den Zeitraum, bis die Brut schlüpft, um mehrere Tage. Varroamilben befallen die Brutlarven und vermehren sich mit zunehmender Brutdauer: Je halbem Tag längerer Verdeckelungszeit kommt ein vermehrungsfähiges Varroaweibchen mehr aus einer Brutzelle.

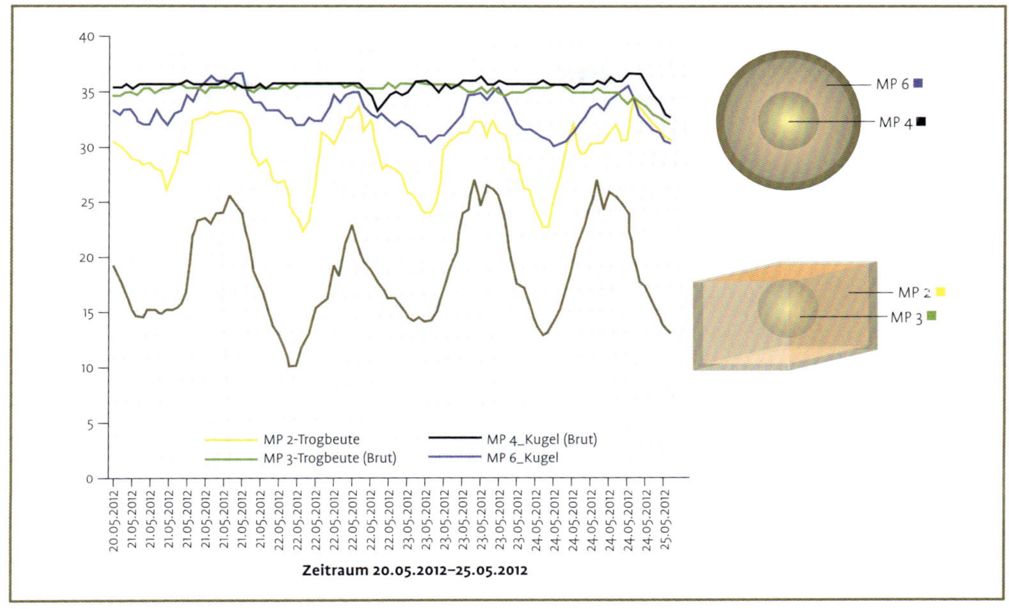

Auswertung der Versuche zu den Temperaturmessungen.

Gesteigerte Honigqualität durch gleichmäßiges Wärmeniveau

Neben diesem thermischen Zusammenhang erscheint es beinahe nachrangig, dass eine gleichmäßige Temperatur auch die Trocknung des Honigs erleichtert. Die Flugbienen übergeben den eingeflogenen Nektar mit einem hohen Wasseranteil an die in der Beute tätigen Bienen. Diese lagern den Honig zur Trocknung zuerst um das Brutnest herum ein; dort lässt er sich aus Temperaturgründen leichter trocknen.

Temperaturabsenkungen können durch verlängerte Brutentwicklungszeit der Bienen den Varroabefall erhöhen und damit das Volk gefährden.

In mehreren Vergleichen zwischen rechteckigen Beuten und Honigräumen, die auf Bienenkugeln aufgesetzt waren, wurden annähernd gleiche Bedingungen angestrebt, darunter die Größe und der Entwicklungsstand des Volkes, die Ausrichtung der Flugrichtung und der Erntezeitpunkt. Bei allen möglichen Vorbehalten gegen solche Versuchsaufbauten war das Ergebnis des Honigvergleichs von frappierender Übereinstimmung: Der Honig aus den auf der Bienenkugel aufgesetzten Honigräumen war in allen Fällen um zwischen ein und zwei Prozent trockener, daher haltbarer und je Gewichtseinheit auch nahrhafter sowie geschmackvoller. Diese Ergebnisse stehen unter dem Vorbehalt eines auf geeignete Weise standardisierten Verfahrens, jedoch sind bislang zumindest keine gegenteiligen Beobachtungen bekannt.

Honig aus den Honigräumen der Bienenkugel enthält weniger Wasser und hat damit eine bessere Qualität.

Futterbedarf

Abschließend betrieb Andreas Heidinger vier Bienenkugeln dieses Typs und verzeichnete hohe Produktionskosten. Dem stand allerdings bereits bei dieser frühen Variante ein geringer Futterbedarf gegenüber. Zum Zeitpunkt der Wintereinfütterung hatte Andreas Heidinger Futtermengen von 19 und 21 Kilogramm in zwei in der Stadt aufgestellten Bienenkugeln ermittelt, was für den Winter ausreichen sollte. Überraschenderweise enthielt eine auf dem Land stehende Bienenkugel bei vergleichbarer Volkstärke nur neun Kilogramm Futter, sodass noch sechs Kilogramm Futter zugefüttert wurden. Offenbar war das Trachtangebot nicht ausreichend. Ausreichende Tracht vorausgesetzt, erspart das Imkern in der Bienenkugel das Einfüttern.

Alle Bienenkugeln waren damals mit einfachen Überdachungen vor Regen und Schnee geschützt, sodass sich Aufnahmen mit einer Wärmebildkamera anboten. Ein guter Freund nahm mit einer hochauflösenden Wärmebildkamera beide Bienenbeuten auf. Ähnlich dem Testen von Wärmeabstrahlung bei beheizten Häusern, entstanden diese Bilder am 21. Januar 2013 im Garten des Hauses von Andreas Heidinger.

Das Wärmebild der eckigen Bienenbehausung zeigt bei einer Außentemperatur von +0,1 °Celsius in der Beute oben in der Mitte und auf der Seite eine rote Stelle. Das sind die wärmsten Stellen. Dort sitzt das Bienenvolk als kugelähnliche Traube. Die Ecken sind kalt und ziehen bei kalten Außentemperaturen die Wärme aus dem Bienenvolk. Diesem Wärmeverlust muss das Bienenvolk mit ständigem Heizen entgegenwirken. Dies stresst die Bienen, beeinträchtigt die Futtervorräte und füllt die Kotblase der Bienen. Die Bienengesundheit wird durch die belasteten Verdauungsorgane beeinträchtigt, zusätzlich aber

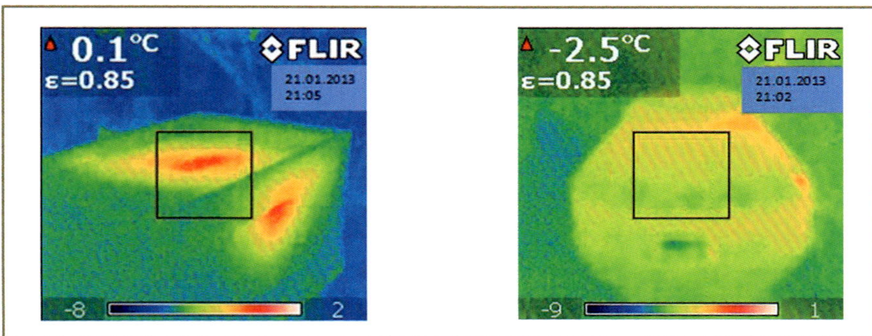

Magazinbeute und Bienenkugel in Aufnahmen mit der Wärmebildkamera.

auch gefährdet durch Stoffwechselfeuchtigkeit und daraus resultierende Schimmelbildung im Stock. Feuchtigkeit und „schlechte Witterung“ gelten in einem gängigen Buch wie dem Friedrich Pohls eigentlich ausnahmslos als Ursache von Bienenkrankheiten.

Immer mehr Imker sind sich der Belastung der Bienen durch auftretende Feuchtigkeit und fehlender Wärme bewusst.

Weniger Heizstress, besser überwintern

Die roten Stellen in der linken Abbildung auf Seite 36 zeigen das Austreten von Wärme bei der Magazinbeute. Das ist bei der Bienenkugel nicht der Fall. Bei einer Umgebungstemperatur von −2,5 Grad Celsius erscheint im Wärmebild lediglich das Flugloch rot, über das der Luftaustausch mit der Außenatmosphäre erfolgt. Aufgrund der Messungen und der Erfahrungen mit der Bienenkugel plante Andreas Heidinger eine Umhausung, um eine ähnliche Situation wie in einer Baumhöhle für die Bienen zu schaffen. Diese umbaute Bienenkugel zeigte im folgenden Frühjahr ein höheres Gewicht als die eckige Vergleichsbeute. Die Völker in den Bienenkugeln hatten zwischen fünf und acht Kilogramm Honig verbraucht, während die Völker in den eckigen Beuten einen Futterverbrauch von bis zu 16 Kilogramm aufzeigten. Diese Energieeinsparung machte eine gute Überwinterung der Bienenvölker in der Bienenkugel wahrscheinlicher, im Verlauf schonender und ließ die Völker früher im Frühjahr als die in anderen Beuten am gleichen Stand ausfliegen.

Zahlreiche Imker betreiben die Bienenkugel parallel zu dem bisher von ihnen verwendeten Imkereistandard. Übereinstimmend berichten sie, dass aus der Bienenkugel zwei bis drei Wochen vor den anderen Beuten vermehrt Bienen ausfliegen. Diese als Entwicklungsvorsprung interpretierbare frühere Aktivierung könnte zu einer höheren Bestäubungsqualität durch eine längere Nutzung der Trachtangebote beitragen. Weitere Vorteile der Überwinterung in der Bienenkugel zeigten sich in den kommenden Jahren durch die größeren, in der Kugel nach der Überwinterung verbliebenen Futtermengen.

Die Kugelform steigert die Energieeffizienz und senkt den Überwinterungsstress der Bienen.

Kondenswasser erfordert Nachbesserungen

Die Bienenkugel dieses technischen Entwicklungsstadiums zeigte jedoch bei aller Effizienzsteigerung noch immer Kondenswasserbildung. Sowohl am oberen als auch am unteren Verschluss bildete sich Nässe, sodass Andreas Heidinger seine Versuche mit verschiedenen Deckeln und Varianten für untere Behältnisse fortsetzte. Der weitere Entwicklungsschwerpunkt lag in dieser Zeit bei der Auswahl von feuchtigkeitsabsorbierenden Materialien. Die Ziele weiterer Entwicklungen blieben dabei:

- die Wärmeisolation,
- möglichst die Vermeidung von Kondenswasser und
- die Schaffung von Diffusionsmöglichkeiten.

In Zusammenarbeit mit befreundeten Modellbauern konnte eine Reihe von ersten Modellen gebaut und in der Praxis überprüft werden. Viele dieser Formoptimierungsversuche führten jedoch zu unerwünschten Kondenswasserbildungen. Diese Versuche nützten dem weiteren Konstruktionsverlauf, indem der Hauptfokus ab jetzt auf der Feuchtigkeitsthematik lag.

Entwicklungsschritte auf dem Weg zur optimierten Bienenkugel.

ERSTE WISSENSCHAFTLICHE BESTÄTIGUNG

Andreas Heidinger entwickelte die Bienenkugel im regelmäßigen Meinungsaustausch. Nach der späteren Freischaltung seiner Homepage und nach Fernsehberichten verstärkten sich die Rückmeldungen aus verschiedenen deutschsprachigen Regionen, vielen europäischen Ländern sowie auch aus Nord- und Südamerika und Afrika.

Projekte der Hochschule Triesdorf

Die öffentliche Wirkung war allerdings zunächst nicht beabsichtigt, sondern ergab sich aus ganz verschiedenen Richtungen. So zog die Bienenkugel bei einer Messe großes Interesse auf sich, denn die runde Form weicht von den Sehgewohnheiten ab und weckt die Assoziation der geometrischen Figuren aus den naturwissenschaftlichen Fachräumen in der Schule. Bereits bei diesem ersten öffentlichen Auftritt waren sowohl Imker als auch Nichtimker an dieser Erfindung interessiert. Andreas Heidinger erläutert bei solchen Gelegenheiten gern den Aufbau und die Funktionen der Bienenbehausung. Gerade durch Rückfragen lassen sich Sachverhalte besser darstellen, optimieren oder auch schonungslos auf Begründungen überprüfen.

Bei der Präsentation der Bienenkugel im Jahr 2013 auf dem Dinkelsbühler Samenfest waren Studierende der Landwirtschaftlichen Hochschule Triesdorf interessiert an der Bienenkugel. Sie luden Andreas Heidinger als Gastdozent zu einem Vortrag an die Hochschule ein. Aus der Idee der Studierenden folgte ein Projekt, in dem herkömmliche Magazinbeuten mit der Bienenkugel verglichen wurden.

Welche Beute hält die Wärme besser?

Innerhalb von wenigen Wochen war so aus dem ersten öffentlichen Auftritt der Bienenkugel bereits ein erstes Forschungsprojekt entstanden. Der Plan der Studierenden, die in der Lehranstalt vorhandenen Magazinbeuten mit der Bienenkugel planmäßig zu vergleichen, traf bei Andreas Heidinger auf offene Ohren. Mehrere Professoren, der Leiter der Bienenlehranstalt und eine Reihe von selbstmotivierten Studenten erfragten systematisch die bisherigen Erfahrungen und Messungen an der Bienenkugel.

Diesem Plan kam zugute, dass in der dort versammelten Runde die Frage nach der besten Bienenbeute keiner Begründung bedurfte. Zwar war der Leiter der Bienenlehranstalt ein besonders erfahrener Imker, der von seinem Beutensystem und der Art und Weise des Imkerns überzeugt war und daher interessiert, aber nicht begeistert zu sein schien, eine Alternative zu testen. Ihm standen jedoch junge forschungswillige Studierende gegenüber, die ihre Professoren und Dozenten längst mit Erfolg um Unterstützung bei diesem Forschungsprojekt gebeten hatten.

Die Bienenkugel im Vergleich zur Dadantbeute

Die Studenten hatten selbst das aus ihrer Sicht zentrale Forschungsziel festgelegt, nämlich die physikalischen und klimatischen Eigenschaften beider Beutensysteme in praktischen Versuchen zu ermitteln. Dazu sollten drei Bienenkugeln und drei Dadantbeuten mit Bienen besiedelt und dann Messungen der Beutenraumtemperatur bei etwa gleicher Heizleistung und kälteren Außentemperaturen durchgeführt werden. Die Versuche befassten sich aus bauphysikalischer Sicht also mit dem Wärmedurchgangskoeffizienten. Sie wurden außerdem auch mit unbesiedelten Beuten und künstlicher Beheizung durchgeführt. Beuten des Typs Dadant verfügen über großflächige, rechteckige Rähmchen mit einer Breite von 48 Zentimetern und einer Höhe von 28,5 Zentimetern.

Ergebnis

In einfachen Worten ergaben die Versuche, dass die von den Bienen eingesetzte Energie in der kugelförmigen Beute besser gehalten wird als in der Dadantbeute. Die Bienen müssen somit weniger Energie aufwenden, um den Beutenraum auf Temperatur zu halten, was – stichwortartig benannt – die folgenden positiven Aspekte bedingt:

- geringerer Futterverbrauch,
- höhere Überwinterungswahrscheinlichkeit,
- längeres Darmentleerungsintervall sowie
- schonendere Temperaturstabilität in der Beute.

In abstrakten Zahlen lag der ermittelte Wärmedurchgangskoeffizient der Bienenkugel bei 1,46 [W/m²*K] und der der Dadant-Beute bei 2,75 [W/m²*K]. Ins Verhältnis gesetzt, besitzt die Bienenkugel einen annähernd doppelt so hohen Wärmedurchgangskoeffizienten wie die Dadantbeute. Die Studie zeigte einerseits, dass noch Entwicklungspotenzial hinsichtlich der Feuchteregulierung und der imkerlichen Handlungsmöglichkeiten bestand. Andererseits sah sich Andreas Heidinger in seinen bisherigen Messungen und Untersuchungen bestätigt, dass die Energieeffizienz von Bienen in der Bienenkugel besser ist als diejenige anderer Beuten.

BEOBACHTUNGEN BEI BAUMHÖHLEN

Eine prägende Beobachtung machte Andreas Heidinger auf dem Weg zum oberbayerischen Obstgarten.

Totholz – Bienenlebensraum im lebenden Baum

Bei einem verkehrsbedingten Halt entdeckte Andreas Heidinger im Straßengraben gegenüber Reste einer alten Eiche. Ein Messen des Stumpfes ergab einen

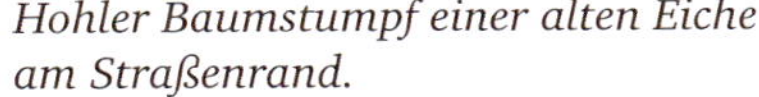

Hohler Baumstumpf einer alten Eiche am Straßenrand.

Abgebrochenes Totholzstück aus dem Inneren des hohlen Baumstumpfs.

Durchmesser von mindestens 125 Zentimeter, sodass von einem sehr hohen Alter auszugehen war. Der Baum war von der Straßenverwaltung offenbar erst vor Kurzem gefällt worden, einige Teile des Stammes lagen in den frischen Spänen der Motorsäge. Offenbar waren Vollholzteile des Stammes mitgenommen worden, während der vor Andreas Heidinger liegende Teil des Stammes hohl war. Aus dieser Baumhöhle, die ihm wie eine von Bienen zu besiedelnde Baumhöhle erschien, entnahm er Proben. Dabei handelte es sich, in den Worten der brennwertinteressierten Forstwirtschaft, um sogenanntes „Totholz", das keinen Brennwert besitzt.

Wie in der Abbildung oben links sichtbar, sind gefällte Bäume innen hohl, denn sie sterben vom ältesten Holzanteil her, von innen nach außen hin ab. Der Prozess ist langwierig, Weiden und Nadelbäume können etliche Hundert Jahre alt werden, Eichen, Linden oder Buchen bis zu 1000 Jahre. Das Baumwachstum, das von innen nach außen erfolgt und an den Jahresringen abzulesen ist, wird erst unterbrochen, wenn die ältesten Zellen von bestimmten Pilzarten befallen und die Anteile von Lignin zersetzt werden. Im Inneren des Baumes entsteht so über mehrere Jahre eine Baumhöhle, die stärker mit Leben erfüllt ist, als die Bezeichnung „Totholz" erwarten lassen würde.

Was bedeutet den Bienen das Totholz?

Dieses Material ist es, in dessen Nähe die Bienen in der Höhle des noch lebenden Baums leben. Dort ist der Baum am ältesten, und die Baumpilze, deren Früchte außen an den Bäumen terrassenartig und sichelförmig sichtbar sind, wurzeln dort mit ihrem Myzel. So gestaltetes Totholz verfügt über bestimmte

Eigenschaften. Auffällig ist das eklatant geringere Gewicht dieses durch Lignin braun gefärbten Holzes, das in der Zellstruktur Zellstoff ähnelt. Durch seine geringere Dichte konnte Andreas Heidinger den großen Brocken leicht in den Kofferraum laden und nach Hause transportieren. Schon mit einer kleinen Säge ist dieses Material leicht zu zerteilen. Jeder, der gesehen hat wie Bienen Papiererzeugnisse und sogar Schaumstoff zerbeißen und systematisch verräumen, kann sich vorstellen, was Bienen im Kontakt mit diesem Material tun werden.

Gesundheitsfaktor Feuchtigkeit

Um eine natürliche Baumhöhle näher kennenzulernen, war zunächst eine Untersuchung der äußeren Eigenschaften vorzunehmen. Vor allem sollte das Totholz mit gehobelten Brettern, Spänen, Holz verschiedener Formen und mit Material aus Magazinbeuten verglichen werden.

Hohe Wasseraufnahmefähigkeit

Die andere Oberflächenstruktur, die unterschiedliche Verarbeitung und die unterschiedliche Oberflächengröße ließen Andreas Heidinger zunächst einen Wasseraufnahmetest im Materialprüfungslabor durchführen. Allerdings damals noch ohne die gleiche Holzart zu verwenden, also Totholz aus einem Eichenbaum mit einem gehobelten Eichenholzbrett zu vergleichen. Das war allerdings bedingt durch die geringe Verfügbarkeit und Auswahl bei Totholz, denn alte Bäume werden durch die Waldpflege leider frühzeitig beseitigt, bevor sich Baumhöhlen bilden.

Zunächst wurden die Proben trocken gewogen, um dann drei Stunden in Wasser getaucht zu werden. Nach dem Abtropfen wog Andreas Heidinger die Proben erneut und stellte erhebliche Unterschiede fest. Das Totholz, das im Wesentlichen aus Zellstoff besteht, hatte sein eigenes Gewicht an Wasser aufgenommen, während das gehobelte Fichtenholz lediglich ein Sechstel seines vorherigen Gewichts an Wasser aufgenommen hatte. Eine Reihe weiterer Werkstoffe wurde dann auf ihre Wasseraufnahmefähigkeit getestet durch dreistündiges Eintauchen in Wasser und Ermitteln des Abtropfgewichts. Die Auswertung der Tests zeigt die Abbildung auf Seite 43 unten.

Totholz kann deutlich mehr Feuchtigkeit aufnehmen als alle anderen Holzformen.

Die bisherige Folienabdeckung als Feuchtigkeitsindikator

Die Motivation, die Feuchtigkeitsaufnahme der Materialien zu überprüfen, war aus einer vermutlich in vielen Imkern schlummernden Frage erwachsen. Die Frage betrifft den Einsatz und den Sinn einer Plastikfolie auf den Rähmchen sowie die Herkunft und die Bedeutung von Kondenswasserperlen, die besonders am Rand der Folie auftreten.

Werkstoffproben für Versuche zur Wasseraufnahmefähigkeit.

	Gewicht trocken	Gewicht nach 3 Std. im Wasser	Differenz (Wasseraufnahme)	Differenz (Wasseraufnahme)
	in g	in g	in g	in %
Holz gesägt	213	233	20	9
Holz gehobelt	73	83	10	14
Holzhackschnitzel	245	340	95	39
Holzspäne	212	320	108	51
kleines Totholz	26	45	19	73
Totholz geschliffen	61	111	50	82
großes Totholz	147	293	146	99

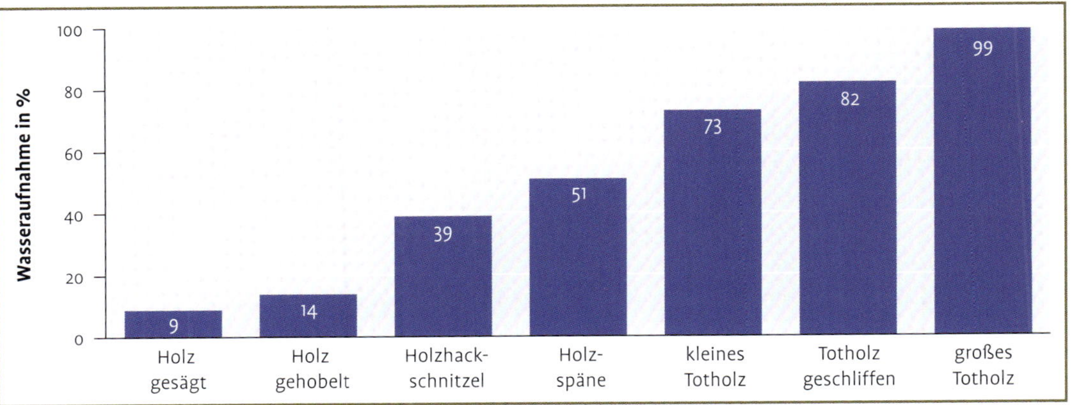

Auswertung des Wasseraufnahmetests mit verschiedenen Holzproben.

Durch die Folie sichtbar gewordenes Kondenswasser.

Diese Folie erleichtert es, den Kastendeckel relativ leicht öffnen zu können, weil die Bienen ihn nicht verbaut und verklebt haben können. Es ist einsichtig, dass die Folie behutsam mit den Bienen von den Rähmchen abgezogen werden kann. Weniger einsichtig ist dagegen, warum es sich dabei um ein wasserundurchlässiges Material handelt oder warum nicht um Teildeckel, die einzeln abzunehmen wären, ohne durch Naturbau anhängende Waben mit dem Deckel anzuheben. Es ist doch interessant, dass auch üppige Bienenvölker die klaren Tropfen Kondenswassers offenbar ignorieren und keine Feuchtigkeitsregulierung durchzuführen scheinen. Zudem versorgen sie ihre Brut mit einer erheblichen Menge von einigen Hundert Gramm Wasser, das sie eigens und trotz Kondenswasser in den Stock eintragen. Obwohl die Völker also einen Wasservorrat im Stock zur Verfügung hätten, nehmen sie den Aufwand in Kauf, für die Wasserversorgung auszufliegen.

Woher kommt das Kondenswasser?

Mögliche Gründe für das Kondenswasser sind das Eintragen von zunächst feuchtem Nektar, vor allem aber das Verbrennen von Honig in ihrer Behausung zu Wasser. Honig besteht aus einer Mischung verschiedener Zucker, neben Mehrfach- vorwiegend Einfachzucker, bei deren Verdauung letztendlich Kohlendioxid und Wasser entstehen. Dieses Wasser setzt sich dann durch die Taupunktunterschreitung an den kältesten Stellen der Beute, beispielsweise an der Folie, ab. Das Phänomen tritt im Winter häufiger auf als im Sommer, da die Bienen einen erhöhten Heizbedarf erleben, ohne jedoch ausfliegen oder wirksam Luftaustausch befördern zu können. Ein Kilogramm Honig verdauen die Bienen zu mehr als 600 Gramm Wasser. Dieses Wasser kondensiert bei rechteckigen Kästen vor allem in den Ecken und an den Außenwänden.

Ein kanadischer Imker, der sich über die Homepage an Andreas Heidinger wandte, berichtete von der Einführung der Folie in der Imkerei in den 1970er-Jahren. Heute selbstverständlich, führte ihr Einsatz damals zu kontroversen Diskussionen unter kanadischen Imkern. Einerseits schien sie eine bessere Beobachtung der Bienen zu ermöglichen, führte jedoch auch zu bis dahin nicht so deutlich beobachtbarem Kondenswasser. Die Frage, warum diese Folie sich durchgesetzt haben könnte und wie ein sinnvoller, bienen- und zugleich imkerorientierter Ersatz zu finden sei, führte Andreas Heidinger letztlich zum Einsatz von Kiefernkernholzmatten in einem neuen Feuchteregulierungsdeckel, an den die Bienen kein Wachs anbauen.

Die Folie macht die ohnehin ablaufende Kondensation sichtbar und fördert sie zusätzlich.

Beliebte Beschäftigung: Totholzzerkleinern

Insbesondere das testweise eingelegte Totholz schien für das Stockklima in Bezug auf die Feuchtigkeitsbildung und das Verhalten der Bienen beobachtungswürdig. Viele würden wahrscheinlich erwarten, dass die Bienen lose Stücke entfernen und heraustragen würden. Dieses Verhalten ist allerdings nicht eingetreten. Überraschenderweise bearbeiten die Bienen intensiv das Totholz. Sie zerkleinern die weichen Bestandteile, und die festeren Bestandteile werden teils mit Propolis überzogen.

Jedenfalls beschäftigen sich die Bienen regelmäßig und dauerhaft intensiv körperlich mit dem von ihnen erzeugten Totholzpulver. Sie wälzen sich darin, putzen sich dann gegenseitig, tragen aber auch Totholzpulver in die Wabengassen. Regelmäßig vergraben die Bienen auch Wachsmotten und einzelne tote Bienen in diesem Pulver, so als läge darin ein Sinn für andere Lebewesen als für die Bienen. Das war insofern überraschend, als das Totholz eigentlich mit dem Ziel der Feuchtigkeitsregulierung eingesetzt und auch tief unter dem Brutbereich positioniert worden war.

Bienen beim Zermalmen von Totholz.

Bienen beschäftigen sich regelmäßig und intensiv mit dem Totholz und dem daraus erzeugten Pulver.

Totholz als Material stand bisher für die Abläufe im Volk noch nicht im Fokus der Imker. Daher beschäftigt sich Andreas Heidinger bis heute mit der Frage, woher das Interesse der Bienen an diesem merkwürdigen Stoff stammt, der in der Baumhöhle zum natürlichen Habitat der Bienen gehört. Aktuell geben dazu verschiedene Bienennachbarn in der Baumhöhle Impulse, denn ihre Lebensweise scheint mit den Bedürfnissen der Bienen zu korrespondieren.

Einblick in eine bewohnte Baumhöhle

Lebende Bienen in Baumhöhlen sind eine Seltenheit, sodass es Zufall war, dass eine Bienenkugelauslieferung 2014 an einen Waldkindergarten bei Augsburg zum Kontakt mit einer Baumhöhle führte. Der Waldkindergarten hatte eine Bienenkugel für die Kinder im Wald aufgestellt und dabei von der Stadtverwaltung einen Hinweis auf ein Bienenvolk in einem zu fällenden Baum erhalten. Eine zwingend notwendige Bestandspflegemaßnahme führte dann zum Fällen des Baumes und die Baumhöhle wurde Andreas Heidinger vom Waldkindergarten zur Verfügung gestellt – auch für ein paar Temperatur- und Feuchtigkeitsmessungen.

Bienenvolk in der Baumhöhle eines Lindenbaums.

Temperatur- und Feuchtigkeitsmessungen an einer Baumhöhle.

Der aufgesägte Baumstamm gab einigen Aufschluss über die Beschaffenheit einer von Bienen bewohnten Baumhöhle. Für die Bienenkugel relevant war die Wabenposition in Warmbau, bei der die Waben flach zum Flugloch gedreht sind und die Belüftung durch das Flugloch reguliert wird.

Aufgesägter Baumstamm der Linde: Baumhöhle mit Wabenwerk.

Propolis besitzt antibiotische Wirkung, trägt aber auch zur Feuchtigkeitsregulierung bei, weil es teilweise wasserlöslich ist.

Bereits aus der Bienenkugel war bekannt, dass die Bienen ihre Behausung mit Propolis überziehen.

Die Bienen produzieren Propolis aus Baumharz und eigenen Sekreten, um damit Schlitze und Ritzen abzudichten und Oberflächen einzuebnen. Mit den Jahren steigern die Bienen den bereits vorhandenen Propolisüberzug im Innenraum ihrer Beute. Da Propolis sich in der angewärmten und feuchten Rauminnenluft teilweise auflöst, können die Bienen den Brutraum durch Propoliseinsatz möglichst steril halten. Gibt man einen Tropfen Wasser auf die Propolisfläche, wird das Propolis runzelig und nimmt das Wasser auf. Die Erfahrungen mit Propolis motivieren Andreas Heidinger, die Feuchtigkeitsthematik nochmals weiterzuverfolgen.

Propolisüberzug in einer Baumhöhle.

Propolisüberzug in der Bienenkugel.

Wasserlöslichkeitstest an Propolis.

AMEISE UND BÜCHERSKORPION – NATÜRLICHE BIENENNACHBARN

Weitere Beobachtungen an einer Baumhöhle in einem Fichtenbaum beleuchteten ein Rätsel, das Baumnadeln in einer Totholzschublade der ersten Bienenkugeln aufgegeben hatten.

Ameisen – vielseitige Aufgaben zum Nutzen der Bienen

Zunächst war unklar gewesen, warum Ameisen eine große Menge Fichtennadeln durch das Flugloch in die Gemüllschublade getragen hatten und diese nach ca. sechs Wochen verschwunden waren. Welche Kommunikation zwischen Bienen und Ameisen abgelaufen ist, ist noch immer rätselhaft.

In der ehemals von Bienen belebten Baumhöhle hatten Ameisen im Bodensumpf auf ganz ähnliche Weise wie in der Bienenkugel ihre Burg angelegt. Dieses Verhalten erhielt seinen Sinn mit Blick auf die Feuchtigkeitsthematik.

Ameisen können die Bienen unterstützen, indem sie aktiv die Luftfeuchtigkeit in der Ameisenburg regulieren.

Wenn es im Ameisennest zu feucht ist, tragen die Ameisen die Feuchtigkeit an ihren Körpern nach außen, gehen zum Verdunsten in die Sonne und kehren trocken in ihre Ameisenburg zurück. Diese Vorgehensweise wird solange wiederholt, bis die Ameisenburg die von den Ameisen gewünschte Luftfeuchtigkeit hat.

Fichtennadeln im unteren Behältnis der Bienenkugel.

Ameisenbau im Baumhöhlensumpf.

Ameisenbau im Baumhöhlensumpf – Detailaufnahme.

Die Bienen in der Bienenkugel hatten die Ameisen nicht als Eindringlinge abgewehrt, sondern in die Behausung hineingelassen. Möglicherweise stellen sie durch Einlagerung einer gewissen Anzahl toter Bienen und Wachsmotten im Totholzmehl, wie regelmäßig zu beobachten ist, den Ameisen eine Lebensgrundlage zur Verfügung und profitieren dabei von der Fähigkeit der Ameisen, Feuchtigkeit zu regulieren. Die Symbiose von Ameisen und Bienen bedarf noch der Erforschung. In der Imkerpraxis ist grundsätzlich darauf zu achten, ob die Bienen Schaden durch die Ameisen nehmen. Räubern diese beispielsweise den Honig im Bienenstock, sollten Imker den Standort der Bienen verändern.

Baumpilze

Totholz enthält jedoch noch weitere nützliche Bienennachbarn, die nachweislich zur Bienengesundheit beitragen: Baumpilze. Ein Forscherteam stellte 2018 in einem Journal fest, dass Baumpilze antibiotische Wirkung besitzen, die für verschiedene Erkrankungen der Bienen signifikante Wirkungen erzielen. Totholz ist das Produkt pilzlicher Besiedlung und es ist anzunehmen, dass die Bienen sich mit diesem Material wahrscheinlich auch aus gesundheitlichen Gründen beschäftigen.

Die in der Bienenkugel zufrieden und friedfertig hausenden Bienen sind ein gültiges Indiz, dass sie darin gesund leben.

Bücherskorpion – der wiederentdeckte Nützling

Eine weitere Parallele zwischen der Baumhöhle und der Bienenkugel war das Vorhandensein von Bücherskorpionen (*Chelifer cancroides*). Dieses heute selten gewordene Kleinstlebewesen war bis in die 70er-Jahre des 20. Jahrhunderts bei den Bienen anzutreffen. Mit der chemischen Behandlung der Bienen gegen die Varroamilbe wurde der Bücherskorpion in den Bienenvölkern vernichtet.

Bereits im Jahr 1891 erkannte Alois Alfonsus, Autor eines Ratgebers für die Herstellung von Kunstschwärmen, dass der bis dahin in keiner „bienenwirtschaftlichen Zeitung" bekannte Bücherskorpion ein Nützling der Bienen ist. Er beobachtete in seinen Körben und Beuten ein Spinnentier, das Bienenläuse mit seinen zwei Zangen ergriff, in ein Versteck verbrachte und dort aussaugte. Der äußeren Form nach einem Skorpion ähnlich und oft in Büchereien auf der Suche nach Staubläusen anzutreffen, findet man den „Bücherskorpion" auch oft hinter der Baumrinde im Wald. Auch in Bienenbeuten ist er anzutreffen.

Natürliche Ansiedlung des Bücherskorpions in Bienenstöcken

Die Bienenkugel schafft durch die Habitatschublade günstige Lebensbedingungen für Bücherskorpione. Denn im darin gelagerten Totholz und an zentralen Stellen in der Bienenkugel sind Bücherskorpione gefunden worden, die nicht künstlich eingesetzt wurden.

Bücherskorpion am Fluglochbereich der Bienenkugel.

Bücherskorpion in vergrößerter Ansicht.

Die betreffende Bienenkugel aus der Abbildung auf Seite 52 steht nahe einem als Naturschutzgebiet ausgewiesenen Wald, dem Elisenhain in Eldena bei Greifswald. In ihrem Habitatbehältnis wurden 2019 fünf Bücherskorpione und zahlreiche deutlich angeknabberte Milben gezählt. Dabei ist unklar, ob der Bücherskorpion durch die Nähe zum Elisenhain, in dem seit annähernd zwei Jahrhunderten keinerlei forstwirtschaftliche Maßnahmen stattfanden, einwandern konnte, oder ob das eingelegte Totholz möglicherweise die Quelle der Bücherskorpione war. Jedenfalls haben diese Bücherskorpione eine sanfte Ameisensäurebehandlung in der Bienenkugel überlebt.

Auch der von Andreas Heidinger entwickelte Feuchteregulierungsdeckel für Magazinbeuten führte zur Ansiedlung von Bücherskorpionen. In der Nähe von Karlsruhe waren in einer Magazinbeute des Bautyps Herold, auf die der Feuchteregulierungsdeckel sechs Wochen lang aufgesetzt war, zehn Bücherskorpione im oberen Beutenbereich zu finden. Dort besetzten zahlreiche Bienen die Kiefernkernholzmatte im Deckel und bestrichen sie mit Propolis. Daher hatten die dort gefundenen Bücherskorpione die Gelegenheit ausgewählt, sich in der Nähe der Bienen aufzuhalten, sodass sich ihnen offenbar gute Lebensbedingungen geboten haben.

Bücherskorpione ernähren sich unter anderem von Varroamilben und sind daher wertvolle Nützlinge in der Bienenkugel. Sie überstanden im Versuch eine sanfte Ameisensäurebehandlung

Der Hamburger Biologe Torben Schiffer hat die Frage nach dem Bücherskorpion als Bienennützling wieder aufgegriffen. Er filmte Bücherskorpione beim Fressen von Varroamilben im Reagenzglas und an Bienen.

VARROAVORBEUGUNG DURCH TEMPERATUR- UND FEUCHTIGKEITSOPTIMIERUNG

Feuchtigkeit ist ein das Leben der Bienen gefährdender Faktor. Denn nachweisbar steht die Belastung der Völker mit Varroamilben in Zusammenhang mit dem Feuchtigkeitsphänomen.

Laborversuche in den USA – Varroafaktor Temperatur

Bereits im Jahr 2003 zeigte ein amerikanisches Forscherteam in einem zehnjährigen Versuchsaufbau, dass in den regelmäßig auf Milben untersuchten Bienenvölkern die Milbenzahl deutlich schwankte. Die Forscher Harris, Harbo, Villa und Danka fanden in allen Völkern besonders dann wenig Varroen, wenn das Jahresdurchschnittswetter besonders trocken gewesen war.

Laborversuche hatten bereits ähnliche Zusammenhänge zwischen Luftfeuchtigkeit und Temperatur mit dem Reproduktionsverhalten der Varroamilben aufgezeigt. Ab einer Temperatur von 36,5 Grad Celsius ist die Vermehrungsfähigkeit von Varroamilben erheblich reduziert, aber noch möglich. Am besten vermehren kann sie sich im Temperaturkorridor zwischen 32,5 und 33,4 Grad Celsius. Ein weiterer Vorteil für die Vermehrung der Milben – untersucht wurde die Art *Varroa jacobsoni* – ist eine relative Luftfeuchtigkeit von mehr als 40 Prozent, aber nicht über 70 Prozent. Kühlen die Bienen (durch Flügelschläge) oder heizen sie (durch Vibrieren mit der Flügelmuskulatur) ihren Stock auf eine von ihnen gewünschte Temperatur, so erzeugen sie dadurch ebenso Wasser wie bei der Aufbereitung von stärker wasserhaltigem Nektar zu Honig.

Die Temperatur der Stockluft und die Feuchtigkeit hängen eng miteinander zusammen.

Feldversuch in der Schweiz – Varroafaktor Feuchtigkeit

Das Ergebnis einer studentischen Bachelorarbeit aus dem Jahr 2015 war: Zwar kann eine genetische Vorgabe für einen bestimmten Feuchtigkeitsgehalt der Stockluft nicht ausgeschlossen werden, aber die Feuchtigkeit korreliert deutlich mit der Varroabelastung und ist daher sehr wahrscheinlich kausal damit verbunden. Die vom Verfasser, Peter Schweizer, verwendeten Studien stammen teilweise bereits aus den 1990er-Jahren. Noch viele Jahre später akzeptierte die Zürcher Hochschule für Angewandte Wissenschaften eine grundlegende Bachelorarbeit zu einem dem Anschein nach Schlüsselthema der Forschung wie Feuchtigkeit. Das ist ein Indiz, dass das Thema zukünftig weiter Aufmerksamkeit verdient hat. Die Studien unterstützten Andreas Heidingers Ansatz, die Feuchtigkeitsthematik im Zusammenhang mit Wärmeproblematik, Energieeffizienz und Bienengesundheit dauerhaft auf seine Prioritätenliste zu setzen.

VOM EXPERIMENTIERMUT IM OBSTGARTEN IN DIE WELT DER FORSCHUNG

Im Jahr 2014 regten eine intensive gegenseitige Korrespondenz und telefonische Gespräche mit Professor Jürgen Tautz den Experimentiermut von Andreas Heidinger an.

Elektronische Hilfsmittel im Dienst der Bienen

Zu diesem Zeitpunkt bekleidete Jürgen Tautz eine Professur am Biozentrum der Universität Würzburg. Neben dieser akademischen Tätigkeit engagierte er sich für den Transfer von Erkenntnissen und Fragen rund um das Leben der Bienen in die Öffentlichkeit. Besonders bekannt wurde das Projekt der **HO**ney-Bee **O**nline **S**tudies (HOBOS), das das Bienenleben in der Bienenbehausung mit Kameras beobachtet und dann live im Internet überträgt.
Bis zum ersten persönlichen Kennenlernen in Würzburg 2014 begleitete sein Interesse die Versuche Andreas Heidingers, deren Ergebnis Tautz als überzeu-

Blick vom Münchener Olympiaturm. Trotz dichter Bebauung wandern Imker vom Land in die Stadt, um Honig von den Blütenpflanzen der Parks, Alleen und Vorgärten zu ernten.

gend und als „sehr bienenfreundliche Wohnumgebung“ charakterisiert. Beide publizierten gemeinsam Ergebnisse zu Totholzuntersuchungen, und Andreas Heidinger vertrat Jürgen Tautz aufgrund der engen Zusammenarbeit beim Honigmarkt in Salzkotten. Die elektronischen Messgeräte, die HOBOS und Heidinger bei ihren Versuchen benutzt hatten, führten die Bienenkugel auf Einladung des Herstellers in die jährliche Elektronikmesse im Restaurant des Münchener Olympiaturms in 200 Meter Höhe.

Der Vertrieb für elektronische Sensoren war für die aussagekräftigen Messungen an der Bienenkugel verantwortlich und zog aus dem Praxistest selbst Erkenntnisse. Die Einladung ermöglichte Andreas Heidinger die Präsentation der Bienenkugel vor einem neuen interessierten Publikum. Er konnte darlegen, dass eine Beutenoptimierung mit elektronischen Hilfsmitteln möglich und notwendig ist.

Ohne Schleier bei den „leisen und weichen“ Bienen

Inzwischen wurden immer mehr Menschen auf das zu einem langfristigen und erkenntnisreichen Projekt weiterentwickelte Vorhaben aufmerksam. Außer dem Bienenkugel-Team, das gemeinsam tüftelte, fräste, schraubte und beobachtete, gehörten hierzu 2013 auch die Zuschauer des Bayerischen Rundfunks und der Sendung „Unser Land“.

Erlebnisse eines Filmteams des Bayerischen Rundfunks an der Bienenkugel

Für Andreas Heidinger war es der erste Kontakt zum Fernsehen, als der blau-weiße BR-Bus in das Wohnviertel einfuhr, um einen Tag mit den Bienen im Haus- und Obstgarten zu verbringen.

Das Filmteam verzichtete teilweise schon nach kurzer Zeit auf Schleier und Handschuhe, war von den friedlichen Bienen begeistert und mit der Kamera nicht mehr von den Bienenkugel-Bienen wegzubringen. Für die sechsstündige Drehzeit wurden die Bienenkugeln lange geöffnet gehalten, was die Gefahr mit sich brachte, die Abwehrinstinkte der Bienen zu wecken. Dennoch wurde niemand gestochen. Ein zweijähriges Kind kommentierte die Friedfertigkeit der

Gelassene Bienen und relaxtes Filmteam bei Filmaufnahmen von ARD/BR für die Sendung „Unser Land" im Bayerischen Rundfunk.

Bienen als „leise und weich" – ein Urteil, dem sich das Kamerateam anschloss. In der vier Wochen später ausgestrahlten Sendung schien sich diese beobachtete Atmosphäre auf die Zuschauer übertragen zu haben, denn sie führte zu Anfragen aus dem gesamten deutschsprachigen Raum.

OPTIMIERUNGEN AN DER BIENENKUGEL 2.0

Die Bienenkugel ermöglicht wartungsarmes Imkern, denn die Bienen kommen darin gut allein zurecht. Wenn der Imker jedoch aufgrund von Verdachtsmomenten eingreifen möchte, sollte er unkompliziert und zielsicher Waben prüfen können.

Das Imkern weiter erleichtern

Bei der ersten Bienenkugelversion waren die Waben im Kugeldurchmesser von 470 Millimeter recht groß. Selbst erschütterungsarmes Aufnehmen der Waben hatte in Einzelfällen dazu geführt, dass die mit Brut gefüllten Waben im ungedrahteten Naturbau manchmal abbrachen.

Insbesondere Brutwaben werden von den Bienen nur im Ausnahmefall in der unteren Hälfte angebaut, sodass sie schwingen können.

War eine Wabe am oberen Kugeldeckel angebaut, konnte sie beim Öffnen der Bienenkugel 1.0 mit angehoben werden und aus Gewichtsgründen abfallen. Durch einen kleineren Durchmesser wird daher auch die Gefahr des Wabenabrisses minimiert.

In der Bienenkugel 2.0 wurde der Kugeldurchmesser auf 400 Millimeter Durchmesser reduziert. Falls es dennoch zu Wachsüberbau am oberen Deckel kommen sollte, werden die Rundrähmchen nun durch eine weitere Verbesserung in ihrer Lagerung gehalten. Hebt man nun den oberen Kugeldeckel mit einem Meißel an, ruht dieser auf dem Niederhaltebrettchen auf dem unteren Behältnis, das die Rähmchen festhält. Eventueller Wachsüberbau im Inneren der Kugel wird bei dieser Bewegung sanft abgetrennt und die Kugel lässt sich von nun an ohne jede Gefahr für die Waben und das Brutnest öffnen.

Wie fräst man eine Baumhöhle bienenorientiert?

Die neue Form sollte sich auch günstiger herstellen lassen, ganz im Sinne einer kürzeren Fertigungsdauer, verbesserten Diffusionsfähigkeit und bienenfreundlicheren Oberfläche. Mit mehreren Fachleuten diskutierte Andreas Heidinger verschiedene Designs und entschied sich für die Herstellung der Bienenkugel mit moderner CNC-Frästechnik. In der Holzwerkstatt können seitdem die Holzblöcke mit aufgestellter Holzfaser eingespannt und von vollautomatischen Fräsen hergestellt werden. Dabei ist die Fräse so eingestellt, dass der Abschlussfalz an den aufliegenden Flächen der Halbkugeln hochfein und sauber, der

Die Bienen überziehen meist innerhalb kürzester Zeit die gesamte Kugel gleichmäßig mit Propolis, wie man es aus aufgesägten Bienenwohnungen in Baumhöhlen kennt.

konkave Teil der Innenkugel jedoch maximal grob gefräst werden. Dadurch erhöht sich die Wasseraufnahmefähigkeit der Kugel, und Bienenschwärme laufen lieber in diese Umgebung ein.

Eine Triebfeder zur Präzisierung – die Patentanmeldung

Die Idee, die Bienenkugel zu entwickeln und zu bauen, erzählte Andreas Heidinger beiläufig einem Mitglied seiner Fahrgemeinschaft, der als Patentanwalt genau zuhörte und nachfragte. Aufgrund von Skizzen und Beschreibungen recherchierte dieser Patentanwalt, ob die neue Bienenbeute, die Andreas Heidinger „Bienenkugel" nannte, patentwürdig sei. Dem war so – trotz der großen Zahl an Patentanmeldungen bei Bienenbeuten in den letzten 120 Jahren. Nun stand der Weg offen zu noch genaueren Zeichnungen, präzisen Beschreibungen und Maßangaben.

Mit der Entwicklung der Bienenkugel verfolgte Andreas Heidinger von Anfang an das Ziel, der Biene eine bienenorientierte Behausung zu bieten, die ihr ein gesundes Leben ermöglicht.

Dabei legte er Wert auf eine behutsame Entwicklung zum Besten der Biene, nicht jedoch auf eine profitable Geschäftsidee. Um jedoch unabhängig von äußeren Einflüssen zu bleiben und ein natürliches Wachstum von Entwicklung, Produktion und Marketing zu gewährleisten, ließ er den von ihm verwendeten Namen „Bienenkugel" markenrechtlich schützen.

Bereits die Entwicklung der Bienenkugel hatte erstaunlich viele Bestandteile einer Bienenbeute auf den Prüfstand gestellt. Die Beschreibung der Bienenkugel im patentrechtlichen Sinne durchlief diese Vorgänge noch einmal in intensivierter Form.

Citizen Science – der Dialog mit der Öffentlichkeit

Bienenmuseen dokumentieren für vergangene Jahrhunderte eine stark regionalisierte Entwicklung von Bienenbeuten. Die Imker waren zwar einerseits interessiert daran, bessere Bienenbeuten zu entwickeln, hatten aber auch geringere Kommunikationsmöglichkeiten untereinander zu ihrer Verfügung. Mit der Einführung der Homepage „www.bienenkugel.de" im Jahr 2013 intensivierte sich die Kommunikation über die Bienenkugel mit Nutzern weltweit. Neben Erfahrungen mit der Bienenkugel hat die Kommunikation über das Imkern auch zu neuen Fragen und zu weiteren Versuchen mit den vorhandenen Bienenkugeln geführt.

Dass Menschen aus derzeit 58 Ländern die Homepage nutzen, dokumentiert das Interesse an bienenorientierten Beuten. Inzwischen fragen regelmäßig Imkervereine für Imkerkurse an, gehen Bestellungen aus imkerlichen Problemregionen ein (zum Beispiel aus einer feuchtwarmen Region am Kilimandscharo) sowie Medienanfragen, die die Bienenkugel beispielsweise als Wohndesign in der Gartenkultur vorstellen möchten.

Die Bienenkugel fasziniert und erfreut weltweit die Menschen.

Aufgrund dieses regen Interesses stellte Andreas Heidinger seine Zwischenergebnisse 2016 in der Broschüre „Neue Wege in der Bienenhaltung" zusammen, die inzwischen auch ins Englische übersetzt wurde und ihrerseits neue Interessenten aktiviert. Die Interessenten nennen häufig den gleichen Grund für ihre Vernetzungsabsichten im Sinne von Citizen Science. Von den täglich eingehenden Rückmeldungen und Nachfragen profitiert Andreas Heidinger bei der Entwicklung einer Bienenbeute auf eine besonders intensive Weise. Er vereint Interesse und Wissen um die Biene mit den technischen und handwerklichen Kompetenzen, eine Beute zu planen und herzustellen.

Innovationsinteresse und Fragen zum finanziellen Aspekt

Kann die Bienenkugel sowohl Hobbyimker erfreuen als auch die Interessen von Berufsimkern unter starkem Wettbewerbsdruck beantworten? Eine Einladung der größten amerikanischen Bienenhaltergesellschaft 2015 brachte diese Frage auf. Neben einem Plenarvortrag zur Geschichte der europäischen Bienenhaltung seit dem Mittelalter bis hin zu aktuellen Forschungen in Würzburg veranstaltete Christian Kuhn einen Workshop über die Funktionen und Vorteile der „Bienenkugel". Das Publikum bestand aus Berufsimkern, die die physikalischen Argumente einleuchtend fanden. Abschließend warf ein Zuhörer die Frage auf, was die Bienenkugel für ihn bringe, wobei er Daumen und Zeigefinger der erhobenen Hand aneinander rieb und dafür Zustimmung der anderen Zuhörer erhielt.

Die Erhaltungs- und Ertragssicherheit sowie der Arbeitsaufwand sind Faktoren, die es lohnend erscheinen lassen, begründete Alternativen wie die Bienenkugel zu prüfen.

Den erhöhten Anschaffungs- und Transportkosten, die ständig optimiert werden, stehen geringere Kosten für Bienenvölker, Einfütterung, Varroabehandlung und Kontrollbesuche gegenüber. In Zeiten des Bienensterbens aufgrund vieler Ursachen wird mittlerweile auch von Berufsimkern ihre bisherige Arbeitsweise mit Magazinbeuten infrage gestellt.

BIENEN BEOBACHTEN – LERNEN, GENIESSEN UND BEGEISTERT SEIN

Die Bienenkugel fasziniert nicht nur erwachsene Betrachter, sondern gerade auch Schülerinnen und Schüler. Die Hamburger Lehrerin Undine Westphal engagierte sich bereits frühzeitig und bezog die Bienenkugel in ihren Unterricht mit ein. Sie bot den Schülern die Möglichkeit, sich mit der biologischen Dimension des Imkerns zu identifizieren, indem sie die Schulklassen die Drohnen zählen ließ. Die Schüler beobachten dabei am lebenden Volk, dass die Drohnenanzahl im Stock geringer als in üblichen Beutenformen ausfällt. Mit einem Zählrahmen, der die Wabe in gut auszählbare Teile parzelliert, ermittelten die Schüler Zahlen von bis zu 600 Drohnen, während in den Magazinbeuten, die ebenfalls an der Schule verwendet werden, bis zu 3000 Drohnen aufzufinden waren. Diese Zählungen aktivieren und sensibilisieren die Schüler. Die Bienenkugel lässt niemanden kalt.

Bienennah beobachten – auch bei Allergie oder Angst vor Bienen

Ähnliche Erfahrungen machte die Lehrerin Claudia Philipp in Geislingen an der Steige. Sie setzt die Bienenkugel in Zusammenarbeit mit einem erfahrenen Imker von der Schwäbischen Alb ein. Dieser hatte zwischen Balken in der unmittelbaren Nähe seines Bienenstocks Bücherskorpione gefunden und diese in der Habitatschublade der Bienenkugel

Der Kuppelhonigraum ermöglicht witterungsunabhängiges Beobachten der Bienen.

Beobachtungskuppel – die ideale Möglichkeit, den Bienen ohne Gefahr nahe zu sein.

eingesetzt. Die Schüler genießen die Aufgabe, die störungsfreie Koexistenz von Bienen und Bücherskorpionen im Totholz zu beobachten. Aus diesem Projekt erwuchs die Idee einer Plexiglashaube, die inzwischen, aufgrund einer Idee von Undine Westphal, zu einem Kuppelhonigraum weiterentwickelt wurde.

Die Bienenkugel in Schulen, Kindergärten und Betreuungseinrichtungen

Es ist schön, dass mittlerweile das Thema Biene in der Bildung thematisiert wird. Heute wissen Kinder über Bienen mehr Bescheid als ihre Elterngeneration. Durch die einfache und Begeisterung erzeugende Bienenhaltung in der Bienenkugel haben bereits viele Schulen, Kindergärten und Betreuungseinrichtungen die Bienenkugel beispielsweise in der Schulimkerei eingesetzt.

Besonders fasziniert sind Kinder im Kindergartenalter von den Bienen in der Bienenkugel.

So sind zum Beispiel allein in Luxemburg Bienenkugeln an 30 Schulen im Einsatz. Geführt und gefördert wird diese Art der Bienenhaltung durch das Ökologiezentrum Hollenfels in Zusammenarbeit mit der Universität Würzburg durch Professor Tautz. Auch in dem Kloster Maria Bildhausen, einer Einrichtung für Menschen mit Beeinträchtigungen, wird mit der Bienenkugel geimkert.

Bienenkugel: Staunen und Begeisterung.

Der Dachauer Schlossbienengarten – Bienen erleben und schützen

Wie groß das Interesse am Imkern insbesondere mit der Bienenkugel ist, zeigt die regelmäßige Resonanz auf die an jedem ersten Samstag im Monat stattfindende Sprechstunde „Der Imker kommt" im Dachauer Schlossgarten. Andreas Heidinger hat dort gemeinsam mit der Imkerin Sabine Huber und mit Unterstützung der Schlossgärtnerei und der Bayerischen Schlösserverwaltung einen Bienengarten eingerichtet. Hier kann man nun vor einem Alpenpanorama, zwischen Schlosscafé und Rokokogarten, Bienen in der Bienenkugel beobachten.

Der Bienengarten im Schloss Dachau. Albert Füracker, der Bayerische Finanz-und Heimatminister, stellt im Sommer 2019 im Dachauer Schlossbienengarten ein Pilotprojekt zum Artenschutz in Bayern vor.

Mit dieser Initiative verfolgt Andreas Heidinger die Absicht, dass Menschen, die die Bienen mit Begeisterung sehen und kennenlernen, eher bereit sind, sich auch für ihren Schutz einzusetzen.

Die Besucher reichen von interessierten Laien bis zu Imkern aus ganz Europa und Farmern aus Südamerika, die sich von der Friedfertigkeit der Bienen beeindruckt zeigen und Bienen möglichst wartungsfrei in der Landwirtschaft einsetzen möchten. Auch Imker, die Bienen verloren haben oder in Ländern mit hohen Temperaturschwankungen intensive Erfahrungen mit Feuchtigkeit gemacht haben, interessieren sich für die diffusionsfähige Wärmeisolierung der Bienenkugel. Die Bayerische Schlösserverwaltung gibt Termine für Bienengartenführungen auf ihrer Homepage bekannt. Die treibende Kraft dahinter ist die Faszination, die von den Bienen in der Bienenkugel ausgeht.

IMPULSE FÜR DIE BIENENKUGEL AUS DER ÖFFENTLICHKEIT

Öffentlichkeitsarbeit leistet gute Dienste: So kommen bei der Weiterentwicklung der Bienenkugel neueste Erkenntnisse sowie Innovationen zum Tragen und auf Messen kann ihre Einsatzmöglichkeit etwa in der Landwirtschaft vorgestellt werden.

Bienen – Teil der Land- und Forstwirtschaft

Auf der Agritechnica 2017 in Hannover, der größten internationalen Landwirtschaftsmesse, informierten sich Landwirte, wie sie mit der Bienenkugel aufwandsarm Bienen in der Land- und Forstwirtschaft einsetzen können. Es stellte sich in Diskussionen mit Farmern aus Kanada, Nordamerika und Russland heraus, dass sie neue Wege suchten, um mehr Erträge aus ihren landwirtschaftlichen Flächen von bis zu 3000 Hektar zu erzielen.

Das Problem der Landwirte ist, dass heute nur noch drei bis vier Früchte auf den Farmen angebaut werden. Dadurch ist der zeitliche Anbau- und Pflegedruck enorm hoch. Bei einer geplanten Anbaufläche mit einem ganzjährigen Trachtangebot für die Bienen könnte der Ertrag durch die Bienenhaltung erhöht und der zeitliche Anbaudruck reduziert werden.

In der Forstwirtschaft besteht die Problematik darin, dass der Ertrag im Waldanbau oder Holzanbau erst nach 70 Jahren oder mehr abgeschöpft werden kann. Mit dem geplanten Einsatz von Bienen und einem geplanten Trachtangebot ließe sich bei Neuanpflanzungen mit Trachtpflanzen für die Bienen (Ölsaaten, Sträucher, Bäume, Wildblumen) ab dem ersten Jahr ein hoher Zusatzertrag durch die Bienenhaltung erzielen.

Internationale Landwirtschaftsmesse Agritechnica in Hannover 2017. Die Bienenkugel war erstmalig auf dieser Messe vertreten. Über alle Messetage zeigten die Besucher großes Interesse an dem Einsatz der Bienenkugel in der Landwirtschaft.

Kernholzaroma – Keimbekämpfung mit bienenberuhigender Wirkung

Ein unerwarteter und produktiver Kontakt ergab sich in der Spritzmittelhalle mit dem Hersteller und Entwickler von Kiefernkernholzprodukten. Dieser Betrieb befasst sich mit der Qualität des Kernholzes des Kieferbaums. Wenn eine Bienenbeute die Baumhöhle zum Vorbild hat, muss berücksichtigt werden, dass Teile davon aus Kernholz bestehen. Im 18. Jahrhundert wurden Waldbienen, so eine zeitgenössische Darstellung, noch bevorzugt in Kiefernbäumen gehalten.

Dieser Baum hat mit Abstand den höchsten Anteil an ätherischen Ölen. Das ergaben wissenschaftliche Versuche im Auftrag des Unternehmens. Daher extrahiert der Hersteller aus Sägeresten gerade von Kiefernkernholz einen Extrakt, der veterinärmedizinisch gegen Bakterien und Keime eingesetzt wird.

Kiefernkernholzextrakt kann Hautirritationen lindern, desinfizierend wirken und Parasiten abwehren.

Untersuchungen zur antibakteriellen Wirkung in der Baumhöhle liegen bislang noch nicht vor, jedoch legen die Ergebnisse nahe, dass mit hoher Wahrscheinlichkeit ein Zusammenhang vorliegt. Die Bienenkugel ist seit 2019 mit einem mit Kiefernholzextrakt getränkten Deckel und einer Matte mit Kiefernkernholzraspeln ausgestattet. Die große Oberfläche dieser Holzraspeln ermöglicht eine gute Feuchtigkeitsaufnahme und -abgabe; gleichzeitig verdampft sie dabei den Holzextrakt. Die Bienen nehmen dieses Material begierig auf und wirken seit dem Einsatz noch friedfertiger. Um diese Erfahrung auch Imkern mit anderen Beutensystemen zu ermöglichen, hat Andreas Heidinger – als Ersatz für die Plastikfolie – passende Deckel entworfen, die von den Bienen nicht bebaut werden und eine Annäherung an die hygienischen Verhältnisse unter natürlichen Lebensverhältnissen der Bienen bieten.

Alte und neue 3-D-Drucker – Wachserzeugung und Rähmchenproduktion

Zur Senkung der Herstellungskosten der Bienenkugel und zur einfacheren und nachhaltigeren Anwendung führte eine Begegnung im Gründerzentrum BioCampus im Hafen Straubing-Sand und zum C.A.R.M.E.N. (Centrales Agrar-Rohstoff Marketing- und Energie-Netzwerk e. V.) in Straubing. Neue, alternative nachwachsende Rohstoffe kamen so in den Fokus zur Weiterentwicklung der Bienenkugelherstellung. Beim Einsatz von neuen Materialien und Fertigungsmethoden ist immer die Frage: Nutzt oder schadet es der Biene und dem Imker? Neue Materialien werden deshalb immer auf Bienenverträglichkeit hinterfragt und getestet, bevor die Serienproduktion beginnt.

So hat ein bisheriger Hersteller, der die Rundrähmchen aus Sperrholz fertigte, die Produktion auf 3-D-Druck mit dem Werkstoff PLA, ein Rohstoff aus der Maispflanze, umgestellt.

Bei Herstellung der Rundrähmchen aus Sperrholz ist der Holzverbrauch durch Verschnitt hoch, auch sind die Rähmchen beim Reinigen mit dem Stockmeißel nicht unverletzlich. Bei der neuen technischen Fertigungsmöglichkeit im 3-D-Drucker verwendet man den Werkstoff dagegen rückstandsfrei. Der Drucker setzt die Rundrähmchenform, die in CAD programmiert wird, durch Auftragen des Rohstoffs dreidimensional um. Den lebensmittelechten und biokompatiblen Rohstoff PLA (Polylactid) könnte man auf den ersten Blick mit aus Erdöl hergestelltem Plastik verwechseln. Auf den zweiten Blick erinnert jedoch ein sanft-süßlicher Geruch an Maisstärke. Das Material kommt bei hochwertigen Lebensmittelverpackungen und medizinischen Anwendungen zum Einsatz und erscheint für eine Verwendung in der Bienenkugel besonders gut geeignet.

Aus PLA hergestellte Rähmchen sind resistent gegen Nässe und UV-Strahlen, schwer entflammbar, lösemittelfrei und bis zu einer Temperatur von 55 Grad Celsius hochfest.

Der Produktionsort der Rähmchen ist derzeit in Oberbayern, sodass die industriell kompostierbaren und nachhaltig hergestellten Rähmchen auch auf kurzem Wege technisch optimiert werden können – etwa durch eine Lochung für Drahtung oder Halteösen. Was die Bienen bei der Herstellung ihrer Waben auf so elegante Weise mit ihren acht Wachsdrüsen wie erprobte 3-D-Drucker leisten, sollten wir durchaus zum Vorbild bei heutigen Versuchen nehmen.

Ältester 3-D-Drucker: Eine Biene schwitzt Wachsplättchen.

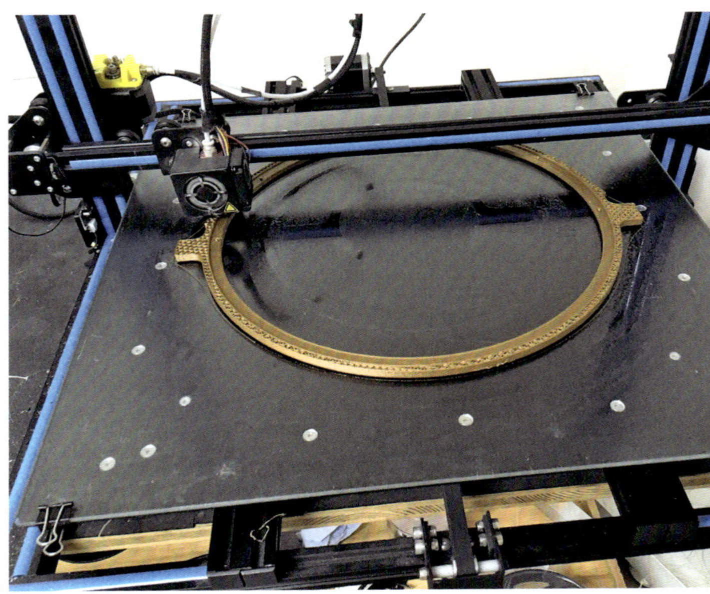

Ein 3-D-Drucker der neuesten Generation fertigt ein Rundrähmchen.

Während Andreas Heidinger die Bienenkugel im laufenden Betrieb erprobt und in den kurzen Zeitfenstern des Bienenjahres weiterentwickelt, erreichen ihn viele Stimmen aus der reinen Benutzerperspektive. Eine davon stammt vom Würzburger Imker Frank Teitscheid, der Teil eines Kooperationsprojekts der Forschungsgruppe HOBOS mit Würzburger Imkern war.

„Wenn ich mit der Bienenkugel imkere, habe ich eigentlich kaum Aufwand zu verzeichnen. Die Bienen sind sanftmütig und bedürfen weniger an imkerlichem Eingreifen und Betreuen als die von mir in anderen Beutensystemen betreuten Bienen. Wenn die in die Bienenkugel einfliegenden Bienen Pollen eintragen und aktiv sind, gibt es über weite Strecken keinen Anlass, ihre Behausung zu öffnen und die Bienen zu kontrollieren."

Diese Imker hatten 2015 jeweils eine Bienenkugel zur Verfügung gestellt bekommen und waren gebeten worden, offen über ihre Erfahrungen zu berichten. Das Projekt erfasste auch die Einsatzbedingungen, ermöglichte den Einsatz einer einheitlichen Zuchtlinie von Völkern ähnlicher Größe und verfolgte das Ziel, an 16 verschiedenen Standorten je eine Bienenkugel und weitere Beutensysteme im Praxiseinsatz zu testen. Teitscheid führte das Projekt engagiert durch und berichtete von seinen Erfahrungen.

Gemeinsame Ausstellung mit der Universität Würzburg auf der Mainfranken-messe.

Vergleichsweise wartungsarmes Imkern ohne Abstriche bei der Honigernte ist mit der Bienenkugel also gut möglich. Bei Vorführungen wie der auf der Grünen Woche Berlin kann die Vorstellung der werkstattneuen, leeren Bienenkugel einen ersten Eindruck von den Vorteilen vermitteln.

Innovationsstand des Bayerischen Landwirtschafts-ministeriums auf der Grünen Woche 2017.

Gesunde Bienen durch die antibiotische Wirkung des Totholzes

Die Messe BioFach ermöglichte einen Zugang zur Innenwelt der Baumhöhle. Ein dort vertretenes Unternehmen spezialisiert sich auf Baumpilze mit Heilwirkung, wobei hierbei die außen an den Bäumen sichtbaren, kranzförmigen Fruchtkörper im Zentrum stehen. Während die Firma kosmetische Heilprodukte und Nahrungsergänzungsmittel aus dem Zunderschwamm herstellt, ergaben die Gespräche Hinweise auf Forschungen zur antibiotischen Wirkung der Pilzwurzeln, die sich innerhalb des Baumes befinden. Was nur ein Hinweis auf eine wissenschaftliche Studie von 2018 war, die eine auffällige Verringerung bakteriell verursachter Flügelkrankheiten bei Bienen beobachtete, ist ein zusätzlicher Antrieb, zukünftig die Verwendung von Totholz, das ja gerade durch Verpilzung seine Eigenschaften erhalten hat, im Interesse der Bienen und Imker fortzusetzen.

Der Bienenforscher Seeley hatte Totholz bereits im Blick, als er für eine Studie die Litermaße von Baumhöhlen erfasste, in denen Bienen gelebt hatten. Zu diesem Zweck ließ er die Bäume fällen und die Baumhöhlen herausschneiden. Um möglichst wenig Holz transportieren zu müssen, ließ er möglichst viel des eigentlichen Baumstammes scheibchenweise abtrennen. Warf die Säge anstelle von Holzspänen „gelblich-braunes Bienenwachs“ aus, hatte Seeley das obere Ende der Baumhöhle erreicht, an dem die Waben angebaut waren. Von unten näherte sich der Ivy-League-Forscher der Baumhöhle solange durch Querschnitte an, bis „dunkelbraune, verrottete“ Fasern anstelle von Holzspänen ausgespuckt wurden. Seeley begegnete dem Aufbau der Baumhöhle im Rahmen seiner Größenmessungen. Aktuelle Studien von 2018 nehmen die Wirksamkeit von „dead wood“ in seiner gesamten mikrobiellen und biochemischen Komplexität in den Blick, um durch gezielten Einsatz Biodiversität und Arterhaltung zu fördern.

IMKERN MIT DER BIENENKUGEL

Die am besten funktionierende Bienenbehausung ist eine natürliche Baumhöhle. Heute gibt es leider nur noch selten alte Bäume mit großen Baumhöhlen. In der Bienenkugel wird versucht, möglichst viele Eigenschaften der Baumhöhle zu integrieren.

FUNKTIONSWEISE DER BIENENKUGEL

Im Zentrum der Bienenkugel steht die Beobachtung, dass in der natürlichen Baumhöhle keine Ecken vorzufinden sind – sowohl in den Waben als auch in den Brutnestern. Zwar ist diese natürliche Bienenbehausung nicht kugelförmig, jedoch hat sie keine Wärmebrücken. Aus diesen grundsätzlichen bauphysikalischen Erwägungen ist der Brutraum der Bienenkugel daher rund gestaltet. Hier wird die Brut auf 35 Grad Celsius beheizt. Wegen der hohen Energieeffizienz der Bienenkugel sind weniger Heizerbienen erforderlich, und mehr Bienen können sich dem Wabenbau und anderen Aufgaben zuwenden.

Der Honigraum von jeder gängigen eckigen Bienenbeute kann mit der Bienenkugel verwendet werden. Der Honiglagerbereich muss von den Bienen nicht beheizt werden. Durch die obige Öffnung in der Bienenkugel tragen die Bienen den überschüssigen, von den Bienen nicht selbst verwendeten Honig vom Brutbereich zur Endlagerung in den Honigraum. Somit verbleibt den Bienen der Honig für die Überwinterung im Brutraumbereich und nur bei mangelhafter Tracht oder Trachtlücken muss eingefüttert werden. Imker können mit gutem Gewissen Überschusshonig ernten.

Ein weiteres Prinzip ist die Selbstbestimmung der Bienenvölker. Zwar gibt jede Bienenbeute – wie auch jede Baumhöhle – gewisse Bedingungen vor, unter denen sich ein Volk dann entwickelt. Für die modernen imkerlichen Ansprüche und für die Möglichkeit verantwortungsvoller Kontrollen im Sinne des Bienenseuchenrechts sind diese technischen Eingriffe auch unumgänglich.

Die Bienenkugel verbindet imkerliche Ansprüche mit der größtmöglichen Freiheit der Bienenvölker.

So bietet die Bienenkugel die Möglichkeit, Rähmchen mit oder ohne Mittelwand auszustatten. Die Bienen bestimmen dann unabhängig von der imkerlicherseits normierten Vorgabe auf Mittelwänden, in welcher Zellengröße sie eine Wabe bauen und wo sie diese an den Wechselrähmchen anbauen.

Imker mit konventionellen, rechteckigen Beuten haben nach der Umstellung zuweilen das Gefühl, in das Volk in der Bienenkugel eingreifen zu müssen. Die Bienenkugel wird jedoch mit geringeren Eingriffen aufgestellt und erfordert weniger Bearbeitungsaufwand. Die Bienen bestimmen selbst, wo die Brut angelegt, der Pollen bereitgestellt und der Honig eingelagert werden. Ein Verschieben und Vergrößern des Brutraums durch den Imker ist nicht notwendig und auch nicht möglich. Aufgrund der Wartungsarmut der Bienenkugel wird das Bienenvolk möglichst wenig durch zeitaufwendige Eingriffe in das Brutnest gestört. Kleine Kontrollen durch den oben aufgesetzten Runddeckel sowie durch das unten angebrachte Habitat- und Kontrollbehältnis sind jederzeit möglich.

Die Praxis häufiger Kontrollen und Arbeiten kann enden und in Vertrauen in die Bienen übergehen.

Jedem Bienenvolk Individualität ermöglichen

Imker, die bisher das Bienenjahr mit konventionellen Beuten erlebt haben, berichten von einem wohltuenden Rollenwechsel beim Imkern mit der Bienenkugel. Sie hatten das Gefühl, die Kontrollaufgaben stark reduzieren und „loslassen" zu dürfen. Berichte schildern insbesondere, wie verschieden die Bienen den neuen Freiraum nutzten. Ähnlich entwickelte Bienenvölker gleicher Bienenrasse besiedeln die Bienenkugel unterschiedlich. Auch Bienenvölker gleicher Rasse bauen und positionieren die Bienen- und Drohnenbrut auf verschiedene Weise. Sogar die Größe und die Neigung von Honigzellen in den Waben variiert in einem bestimmten Spielraum.

Man kann durch die Bienenhaltung in der Bienenkugel viele Beobachtungen machen, die mit Magazinbeuten so nicht möglich sind. Besucher von Bienenkugeln erfreuen sich regelmäßig an der Schönheit der runden Waben.

Was in einer Magazinbeute gilt und beobachtet wurde, kann in der Bienenkugel ganz anders aussehen. Gerade bei der Drohnenbrut ist es interessant zu beobachten, wenn genügend konstante Wärme im Bienenstock vorhanden ist, dass eine geringere Anzahl von Drohnenzellen und an anderer Stelle angelegt wird.

WIE IST DIE BIENENKUGEL AUFGEBAUT?

Die Bienenkugel besteht im Wesentlichen aus dem unteren und dem oberen Behältnis. Normalerweise müsste die Bienenkugel teilweise aus Totholz gefertigt werden, dies ist aber technisch und wegen fehlender Totholz-Ressourcen nicht möglich. Als Ersatz wird das untere und obere Behältnis aus dem Holz der heimischen Fichte gefertigt und die Oberflächeneigenschaften werden denen der Baumhöhle angenähert.

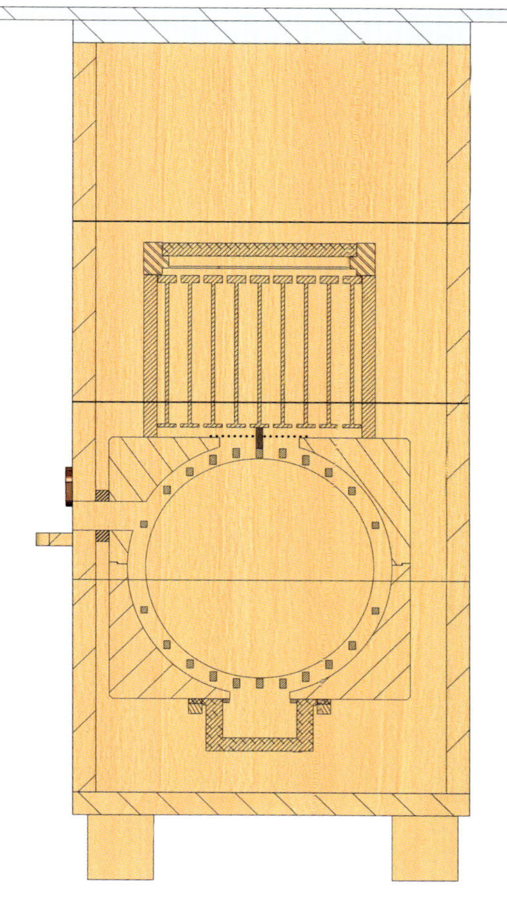

Komplettsystem Bienenkugel mit Umhausung und einem Honigraum. Die modulare Umhausung bietet den Bienen und der Bienenkugel Schutz vor klimatischen Einflüssen.

Die runde Oberfläche wird mit CNC-Fräsmaschinen extra rau gefräst. Dadurch ist die Durchlässigkeit für Wasser und die Wasseraufnahmefähigkeit so hoch, wie mit diesem Material möglich. Sie kann von den Bienen weiter gesteigert werden, indem sie möglichst viel Propolis auf die Oberfläche aufbringen. Das erhöht die Stockklimaqualität in Bezug auf Feuchtigkeitsausgleich und hygienische Absicherung der Brut durch antibiotische Propolisdämpfe.

Die Bienenkugel wiegt ca. 29 Kilogramm. Die Abmessungen betragen ca. 540 × 460 × 600 Millimeter. Der Hohlraum zwischen dem oberen und unteren Behältnis hat einen Inhalt von 33 Litern, der von Bienen in Baumhöhlen bevorzugten Größe. Dieses Herzstück der Bienenkugel ist der Brutraum. Hier haben die Bienen optimale Bedingungen um die Brut Tag und Nacht durch Aufrechterhaltung von 35 Grad Celsius zu betreuen. Temperaturschwankungen werden bestmöglich vermieden und energieaufwendiges Nachheizen entfällt geradezu.

Das gleichmäßige Wärmeniveau in der Bienenkugel dient Bienen in mehrerlei Hinsicht: weniger Heizstress und Energieaufwand und damit weniger Futterverbrauch im Winter sowie bessere Trocknung des Honigs.

Die gleichmäßige Temperatur wirkt sich positiv auf den Bruterfolg, die Varroavermeidung und die Bienengesundheit aus. Einerseits reduziert sich so der Heizstress und dadurch bedingt der Energieumsatz, sodass der Honigvorrat im Brutraum für die Winterversorgung meist mehr als ausreicht. Der um das Brutnest herum eingetragene frische Honig kann andererseits durch eine optimale Wärme- und Feuchtigkeitsregulierung von den Bienen mit weniger Aufwand getrocknet und eingelagert werden. Vom Brutraum aus wird dann der Honig durch die obere Öffnung in den Honigraum eingetragen und dort ebenfalls eingelagert.

Erweiterungsfähig durch Aufsätze

Die Bienenkugel lässt sich ähnlich wie Magazinbeuten im Sommer durch Aufsätze erweitern. Einzelne Bienenkugelimker hatten bis zu drei Aufsätze als Honigraum aufgesetzt. Aus energetischer Perspektive ist dafür von den rechteckigen Beutensystemen der Warré-Aufsatz am besten geeignet. Seine Oberfläche – durch die Wärme entweichen kann – ist in Bezug auf das Volumen am kleinsten. Verwendbar ist jedoch jeder verfügbare Honigraum.

Bienenkugel mit drei aufgesetzten Warré-Zargen als Honigraum und einem diffusionsoffenen Feuchtigkeitsregulierungsdeckel.

Auch Imker, die Bienen nicht mit dem Ziel halten, möglichst große Völker zu erzeugen, werden die Erfahrung machen, dass einige Völker brutfreudiger als andere sind und sich schneller entwickeln. Wer ein solches Volk in einer Bienenkugel hält, kann den kugelförmigen Brutraum vorübergehend – während des Sommers – mit einer eckigen Zarge erweitern und diese Erweiterung dann im Spätsommer oder Herbst für den Winter wieder zurückbauen.

Feuchtigkeit regulieren

Eine Stärke der Bienenkugel kommt besonders bei Temperaturschwankungen zum Tragen. Denn am oberen Rand, wo die höchste absolute Luftfeuchtigkeit herrscht, reguliert ein speziell entwickelter Deckel die Feuchtigkeit. Der Deckel sitzt auf der runden Öffnung der Bienenkugel. Ein vergleichbar arbeitender Deckel kann auch auf Erweiterungszargen aufgesetzt werden. Unter natürlichen Bedingungen, im lebenden Baum, steht den Bienen an der Oberseite der Baumhöhle Kernholz mit seinen ätherischen Ölen zur Verfügung. Dessen hygienischen Effekt ahmt die

Die Bienenkugel stellt den Bienen ein feuchtigkeitsregulierendes Habitatbehältnis mit Totholz zur Verfügung, das diese intensiv nutzen.

Bienenkugel durch ein neuartiges Kiefernkernholzmaterial nach, das zudem sehr gut Wasserdampf aufnehmen und abgeben kann.

In der Kugel herrschen zwar vergleichsweise zum Tagesverlauf gleichmäßige Temperaturen, aber es kommt aus physikalischen Gründen zu einer Temperaturaufteilung im Kugelraum. Unten ist es am kältesten und es herrscht die höchste relative Luftfeuchtigkeit. Hier ahmt die Bienenkugel die bewährte Feuchtigkeitsregulierung in der Baumhöhle nach.

Unteransicht und Blick ins Habitatbehältnis.

Nützliches Habitatbehältnis

Das Habitatbehältnis übernimmt eine Vielzahl von Aufgaben. Bewährt hat sich das Einlegen einer Kiefernkernholzmatte, die durch ihre antibakterielle Wirkung und wegen der hohen Feuchtigkeitsaufnahmefähigkeit das Stockklima unterstützt. Darauf wird Totholz abgelegt, das die Bienen begierig bearbeiten und – ganz wie in der Baumhöhle – mit wasserlöslichem Propolis überziehen.

In den Habitatschubladen siedeln sich nach bisherigen Erfahrungen bienennützliche Kleinstlebewesen an, darunter auch der Bücherskorpion.

Das verspricht viel, denn bei Varroakontrollen nach der Ansiedlung von Bücherskorpionen wurden angebissene Varroamilben unter dem Varroagitter gefunden. Der Bücherskorpion ist als Vertilger von Bienenläusen dargestellt worden, lange bevor die Varroamilbe in Europa auftrat. Jetzt gibt es Grund zu der Vermutung, dass er seine Nützlichkeit auf die Varroamilben übertragen wird. Daher ist es wichtig, bei Varroabehandlungen, die mit der Bienenkugel möglich sind, in Dosierung und Häufigkeit auf den Bücherskorpion Rücksicht zu nehmen.

Varroakontrollen und -behandlung

Varroakontrollen können jederzeit durchgeführt werden – ohne die Kugel zu öffnen. Das Habitatbehältnis wird durch einen Führungsring am unteren Behältnis gehalten und kann mit einem Bajonettverschluss auf- oder abgedreht werden. Wer befürchtet, dadurch die Bienen zu stören, wird überrascht sehen, dass die Bienen völlig gelassen reagieren. Sie sind dauerhaft in einer gewissen

Habitatbehältnis mit Varroagitter.

Wachsmottenlarve im Habitatbehältnis.

kleinen Zahl im Habitatbehältnis vorhanden und setzen ihre Beschäftigung mit dem Totholz unentwegt fort, während die imkerliche Suche nach Varroen ablaufen kann.

Die im Habitatbehältnis abzusuchende Fläche ist kleiner als in konventionellen Beuten, dabei aber genauso aussagekräftig. Denn die Bienen scheinen die abschüssigen Seiten der unteren Kugel zu reinigen und verbringen Gemüll, der nicht von selbst in das Habitatbehältnis fällt, eben dorthin. Je nach Anzahl der aufgefundenen Milben kann der Imker entscheiden, ob das von ihm betreute Volk stark genug von der Varroa bedroht ist, und ob er gemäß den aktuellen Empfehlungen des Deutschen Imkerbundes eine Behandlung mit den zugelassenen Substanzen in Betracht ziehen möchte.

Totholzlager

Wenn man Totholz im Habitatbehältnis liegen hat, wird dieses von den Bienen so weit zermalmt, bis die Reste eine gewisse Oberflächenhärte aufweisen. Im so entstandenen Totholzpulver vergraben die Bienen auch Wachsmottenlarven, die entfernt werden können und sollen.

Wohngemeinschaft mit Ameisen

Erschrecken Sie nicht, wenn Ameisen tote Varroamilben aus dem Habitatbehältnis ins Freie bringen. Wie im Sumpf der Baumhöhle ist es auch hier möglich, dass sie ihre Burg errichten. Da die Bienenkugel ein geschlossenes System ist – nur durch das Flugloch offen –, können die Bienen bestimmen, wen sie in ihre Behausung lassen. Möglicherweise versprechen die Bienen sich eine Regulierung der Luftfeuchtigkeit oder eine Art Müllabfuhr durch die Symbiose mit den Ameisen.

Obere Öffnung

Die obere Öffnung der Bienenkugel bietet Vorteile gegenüber einer konventionellen Beute. Ohne die Bienenkugel ganzflächig öffnen zu müssen, kann eine kurze Sichtprüfung auf das Volk durchgeführt werden. Durch den runden Einblick sind zentrale Stellen der großen Brutwaben zu sehen und der Imker erhält einen Eindruck von der Stärke des Volkes und der Futtervorräte. Bei Trachtlücken kann es unter Umständen ratsam sein, ein brutfreudiges Volk durch Futterzugabe zu unterstützen, während starke Völker für erweiterten Honig- oder sogar Brutraum dankbar sein werden.

Der Feuchteregulierungsdeckel lässt sich leicht entfernen; erfahrungsgemäß reagieren die Bienen gelassen auf diese Kontrollmöglichkeit. Über diese unkomplizierte Einblicksmöglichkeit durch die obere Öffnung kann bei Bedarf zugefüttert werden.

Feuchteregulierung im speziell dafür vorgesehenen Deckel.

Im Feuchteregulierungsdeckel einliegende Kiefernkernholzmatte.

Die Öffnung steht dem Imker für eine Varroabehandlung zur Verfügung. Vor allem aber ist die Öffnung die Durchgangsmöglichkeit der Bienen in den Honigraum. Zur Unterstützung dieser Nutzung haben sich eingelegte kleine Wabenstreifen als Stege auf dem Weg nach oben bewährt.

Der Feuchteregulierungsdeckel – innovativ imkern

Der Feuchteregulierungsdeckel deckt die obere Öffnung ab und entlastet die Bienen von Feuchtigkeitsproblemen im Bienenstock. Der Deckel besteht aus kleinen Latten, die ein Gitter bilden, durch das die feuchte, warme Luft aus dem Bienenvolk in die Kiefernkernholzmatte diffundieren kann. Dort kann ein Teil durch die diffusionsoffene Holzfaserplatte hindurch diffundieren, während die Wärme im Bienenvolk nicht beeinträchtigt wird. Der entscheidende Vorteil ist die Verringerung von Staunässegefahr, wie sie in Magazinbeuten an der Abdeckfolie zu erkennen ist.

Der Feuchteregulierungsdeckel verringert Schimmel und mikrobiologische Belastung für die Bienen – und auf dem Umweg der Schimmelsporen über den Honig auch für den Menschen.

Um den Deckel funktionsfähig zu halten, ist ein richtiger Einsatz notwendig. Unterschiedliche Völker reagieren nämlich unterschiedlich auf das eingesetzte Naturmaterial. Besonders baufreudige Völker haben bislang die Kiefernkernholzmatte mit Wachs bebaut oder überzogen. Wie Möbelwachs eine Oberfläche wasserresistenter machen soll, dichtet ein Wachsbebau die atmungsfähige Matte ab. Überziehen die Bienen dagegen die Matte mit Propolis, ist das eine wichtige Voraussetzung für eine gute Funktion. Denn Propolis und Wachs unterscheiden sich in diesem Zusammenhang besonders darin, dass Propolis wasserlösliche Bestandteile hat. In einer feuchten Umgebung und bei Kontakt mit Wasser geht Propolis teilweise in Lösung.

Ein Propolisüberzug steigert die Feuchtediffusion in die Kiefernkernholzmatte.

In Einzelfällen haben Bienenvölker die Kiefernkernholzmatte weder mit Wachs noch mit Propolis in Kontakt gebracht, sondern Teile davon abgelöst und die Brösel ausgetragen. Diese relativ seltene Laune der Natur führte also zu einer geringeren Mattendicke. In dieser Situation und bei diesen Völkern haben die Imker erfolgreich scheibenförmig geschnittenes Totholz aufgelegt, wie es in den naturgewachsenen Baumhöhlen anzutreffen ist. Dieses wurde dann von den Bienen mit Propolis überzogen.

Das Flugloch: effizienter und sicherer Austausch mit der Umwelt

Das runde Flugloch der Bienenkugel ist darauf optimiert, dass die Bienen freudig ein- und ausfliegen, das Bienenvolk angemessen von natürlicher Luftzirkulation und Fächelbienen belüftet wird und im Bedarfsfall effizient gegen

Flugloch in einer natürlichen Baumhöhle.

Flugloch bei der Bienenkugel.

räuberische Bienen anderer Völker, gegen Wespen und Hornissen verteidigt werden kann. Damit ahmt die Bienenkugel die runden Öffnungen in Baumhöhlen, die gelegentlich auch vertikale Schlitze sein können, nach.

Was sich am Flugloch ereignet, an der Grenze zwischen Mikroklima im Stock und Makroklima der Umwelt, ist von entscheidender Bedeutung für die Bienengesundheit.

Die Bienen sind auf ein in der Regel rundes Flugloch nach Millionen Jahren Evolution in Baumhöhlen eingestellt. Diese können durch die Arbeit eines Spechts, durch einen abgebrochenen Ast und durch natürliche Vorgänge im Verlauf eines Baumlebens entstehen. Die dadurch erzeugte Rundung nimmt die heutige Bienenkugel auf. Die Bienen scheinen sich in der aktuellen, naturerprobten Fassung mit einem Flugloch auch besser verteidigen und den Stock be- und entlüften zu können.

Das runde Flugloch bewährt sich praktisch. Insbesondere für die Verteidigungsfähigkeit lässt sich rechnerisch ein Indiz für diesen Vorteil der Bienenkugel benennen. Sowohl ein rundes Flugloch als auch ein horizontal rechteckiges Flugloch zeigen die gleiche Fläche von 1589 mm². Unterschiedlich sind jedoch die Umfänge beider Fluglochtypen und daher auch die Größe des Angriffs- und Verteidigungsraums. Der Umfang des runden Fluglochs beträgt mit 141 Millimeter weniger als ein Drittel der horizontalen Flugöffnung, die einen Umfang von 540 Millimeter aufweist. Das bedeutet für die Bienen einen geringeren Verteidigungsaufwand für das Flugloch.

Ein imkerlicher Eingriff in das Flugloch war bislang selten nötig, allenfalls bei stark räuberischem Verhalten – etwa von einer starken Wespenpopulation – oder bei extremen Wetterwechseln.

Das Bienenvolk kann auch selbst eine Regulierung vornehmen. Regelmäßig bilden die Bienen am Flugloch der Bienenkugel mit ihrem Körper einen lebendigen Vorhang, der das Bienenvolk im Innern der Bienenkugel schützt. Über das Flugloch geschieht auch der Luftaustausch von der Bienenwohnung nach außen: Je nach Lufttemperatur und Luftfeuchtigkeit im Stock und in der Umgebung des Stocks fächeln die Bienen Luft aus der Beute heraus oder in sie hinein. Damit verfügen die Bienen über viele Anpassungsmöglichkeiten. Aus diesem Grund ist das

Flugloch bei der gängigen Magazinbeute.

Eine zusätzliche Fluglochverkleinerung ermöglicht die Luftzirkulation weiterhin, maximiert jedoch im vorübergehenden Bedarfsfall die Verteidigungsmöglichkeiten der Bienen.

Zusammenspiel von Form, Material und Ausstattung der Bienenkugel so relevant, um die Bienen gesund zu erhalten.

Im Fall von schnell eintretenden oder extremen Wetterlagen sowie bei starker Gefahr von Feldmäusen kann der Imker das Flugloch durch eine Fluglochverkleinerung regulieren. Dazu wird ein Riegel mit Bohrungen von zehn Millimeter Durchmesser in der Fläche des Flugloches angebracht, um Mäuse und Hornissen vom Eindringen in den Bienenstock abzuhalten.

Rundwaben in Rundrähmchen – Kugelperfektion und Naturbau

In der kugelförmigen Einhöhlung der Bienenkugel könnte sich ein Bienenvolk ansiedeln und von den thermischen Vorteilen der Rundform profitieren. Dann allerdings wären die imkerliche Kontrolle und imkerliches Eingreifen nicht möglich, was auch aus bienenseuchenrechtlichen Gründen nicht verantwortlich erschiene. Imkern ohne Rähmchen, bei der die Bienen Waben in „Stabilbau“ in einen Hohlraum einbauen und Imker meldepflichtige Krankheiten nicht einmal bemerken könnten, entspricht wohl weder den rechtlichen Vorgaben des Imkerns noch den Vorstellungen von Imkern, die mit der Bienenkugel arbeiten möchten.

Aus diesen Gründen enthält die durch Ober- und Unterdeckel geformte Außenkugel eine aus Rähmchen geformte innere Kugel.

Die innere Kugel ist die eigentliche Bienenkugel.

Zwischen innerer und äußerer Kugel besteht rundherum ein Abstand. Dieser ist notwendig, um die Luftzirkulation, einen Wabenwechsel durch die Bienen, vor allem aber, um das Öffnen der Bienenkugelhälften zu ermöglichen.

Die elf runden Rähmchen liegen auf der unteren Außenkugelhälfte an Halterungen auf. Sie haben keinen weiteren Kontakt zum äußeren Kugelbehältnis. Die Rähmchen stehen quer zum Flugloch, sodass in dieser „Warmbau“ genannten Ausrichtung die Luftzirkulation auf das Einbehalten von Wärme in der Beute ausgerichtet ist.

Je nach imkerlicher Einschätzung können die Rähmchen teilweise oder ganz mit Drähten durchzogen und Mittelwände eingeklebt werden, die den Bienen einen Ansatzpunkt für die Bautätigkeit bieten. Die imkerliche Entscheidung ist individuell möglich, denn ein unerwünschter Querbau, bei dem die gebauten Waben nicht die Kreisfläche im Rähmchen ausfüllen, sondern mehrere Rähmchen miteinander verbinden, ist äußerst selten.

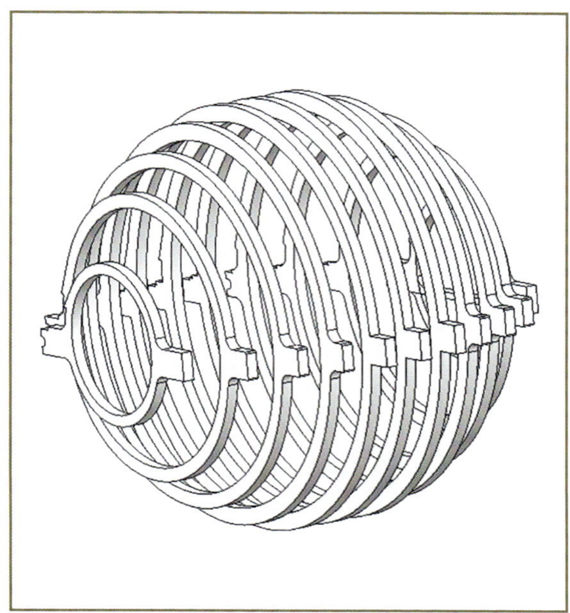

Ein Satz mit Rundrähmchen in verschiedenen Durchmessern.

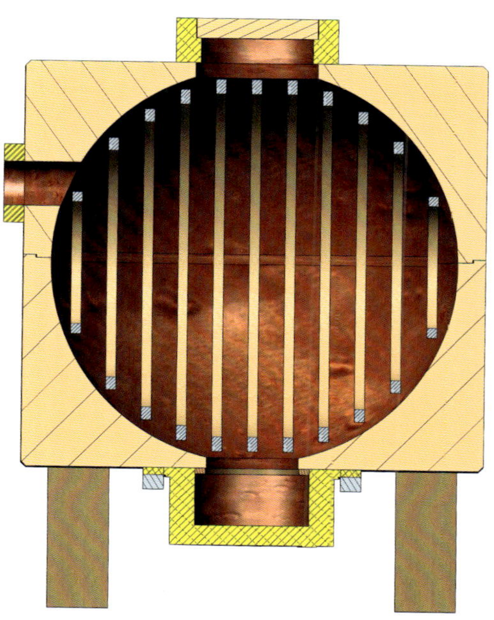

Schnitt durch die Bienenkugel. Das untere Behältnis bildet den Baumhöhlensumpf nach.

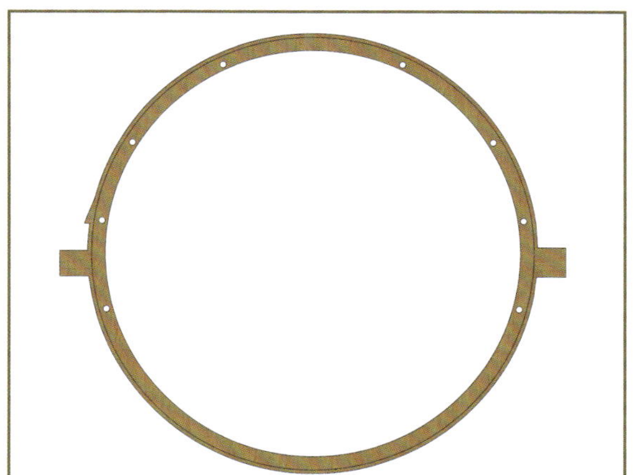

Abbildung eines Einzelrähmchens. In der oberen Hälfte sind die Löcher für eine mögliche Drahtung zu erkennen. Die an einer Seite angebrachte Nase (hier links) ist zum sanften Aufhebeln bei einer eventuellen Propolisverklebung gedacht. Durch sie wird auch die Ausrichtung der Rähmchen beim Einsetzen in die Bienenkugel sichergestellt. Zusätzlich ist die hintere Halterung auch tiefer als die vordere.

Gedrahtetes Rundrähmchen mit Mittelwand. Die Höhe der Wachseinklebung kann der Imker selbst bestimmen. Alternativ kann er einen Ansatzpunkt für den Wabenbau ankleben.

Ableger bilden

Die Rähmchenkugel umfasst Rähmchen fünf verschiedener Größen, sodass vom Imker durchzuführende Brutnestverschiebungen innerhalb einer Beute nicht möglich sind. Allerdings ist die Ablegerbildung mit Bruträhmchen möglich, eine Methode, bei der einer kleinen Anzahl von Bienen die Möglichkeit geboten wird, selbst eine Königin heranzuziehen, indem sie eine Weiselzelle ansetzen und pflegen. Um auf diese Weise einen Ableger aus der Bienenkugel zu bilden, kann man eines oder zwei der drei mittleren Rähmchen in eine andere Bienenkugel einsetzen. Diese drei größten Rähmchen sind identisch und erscheinen von der Größe besonders geeignet, um hinreichend Brut in einen neuen Ableger einzubringen.

Stabiler Werkstoff, einfache Handhabung

Die Rähmchen sind aus Gründen der Bienenverträglichkeit, Haltbarkeit und Nachhaltigkeit aus dem nachwachsenden Werkstoff PLA-Rohstoff gefertigt. Das Material wird aus der Maispflanze gewonnen und derzeit in einem 3-D-Drucker verarbeitet. Der lebensmittelechte Naturwerkstoff PLA ist zwar schwer entzünd-

Das Niederhaltebrett verhindert das Herausheben der Rähmchen beim Öffnen, falls doch einmal ein Rähmchen an den oberen Deckel angebaut gewesen sein sollte.

Aufsicht auf eine geöffnete unbewohnte Bienenkugel – mit herausgenommenem Niederhaltebrett.

lich, darf aber nicht über 55 Grad Celsius erhitzt werden. Ein weiterer Vorteil gegenüber anderen Materialien ist, dass der Werkstoff verlustfrei eingesetzt werden kann.

Ein rundes Rähmchen könnte beim Sichten des Volkes, bei dem die Rähmchen aus der Kugel herausgenommen und besichtigt werden, leicht verdreht werden. Zwar ist die vertikale Ausrichtung einer Wabe sehr gut zu erkennen, jedoch könnte die horizontale Ausrichtung fraglich erscheinen. Daher ist in den vorgegebenen Nuten des Unterteils eine unterschiedlich tiefe Vorprägung eingebracht. An der Scharnierseite ist die Lagerhöhe um fünf Millimeter höher als auf der dem Imker zugewandten Seite, auf der das Niederhaltebrett dafür sorgt, dass die Rähmchen entnommen werden können. Ein Verdrehen der Rähmchen wird somit verhindert, lediglich die gleich große Rähmchenposition in der Kugel könnte von einem – richtig herum an falscher Stelle eingesetzten Rähmchen – eingenommen werden.

Die Rähmchen sind für herkömmliches Werkzeug aus der Imkerei geeignet. An der oberen Rähmchenseite sind zwei Aushebenasen angebracht, die mit der Hand greifbar sind und an denen die Wabe zur Sichtkontrolle hochgehalten werden kann. Diese Griffe sind flach gehalten, damit sie nicht einen Anreiz zum Anbauen von Waben bieten. Sie sind aber markant genug, um das Rähmchen aus der Nutenlagerung heraushebeln zu können, sollte einmal die

Nute mit hartnäckigem Propolis überzogen sein. Ein Stoff der, wie Propolis, in einer auf Schneidwerkzeuge angewiesenen Zeit wie der Steinzeit zum Befestigen der Klinge im Heft des Messers verwendet wurde, kann die Entfernung eines Rähmchens durchaus erschweren. Dies ist allerdings selten der Fall. Die Bienenkugeln sind bereits nach einem Jahr Betrieb mit einem charakteristischen, rötlich-braunen Farbton durch Propolis überzogen. Diese Propolisschicht wird von den Bienen im Laufe der Bienenjahre erhöht.

Möglichkeit für Naturbau

Die Löcher in den Rähmchen, an denen Drähte für die Mittelwandbefestigung angebracht werden können, müssen nicht verwendet werden. Die Rähmchen können auch im Naturbau genutzt werden, wobei dann an der obersten Stelle der Innenseite wenigstens ein Wachspunkt geklebt und die Rähmchenleiste ca. 100 Millimeter breit mit Honig bestrichen wird. Den Wachspunkt verwenden die Bienen als einen Startpunkt für den Wabenbau. Erfahrungsgemäß gerät dann der Wabenbau gleichmäßig schön, während die Bienen sonst unentschieden zu sein scheinen, wo sie beginnen sollen, sodass gelegentlich mehrere Stellen einer Wabe scheinbar unabhängig voneinander bebaut zu werden scheinen und dann notdürftig miteinander verbunden werden. Die sprichwörtliche Gleichmäßigkeit der Wabenstruktur ist dann nicht gegeben. Aber auch Wachsstreifen irritieren die Bienen. Der Honigstreifen dient als Anfangsfutter für den Wabenbau und positiver Anreiz für die Bienen, möglichst auf Querbau zum benachbarten Rähmchen zu verzichten.

Abstand zur Außenkugel

Das Imkern mit der Bienenkugel ist für den Imker leichter, indem es einen definierten Abstand zwischen Rähmchen und Innenfläche der Außenkugel gibt. Dieser beträgt, je nach Messort, zwischen sechs und zehn Millimeter.

Eine Abdeckfolie aus Plastik oder ein Wachstuch, wie sie in Magazinbeuten eingesetzt werden, sind in der Bienenkugel nicht mehr notwendig. Diese wasserundurchlässigen Folien liegen in Magazinbeuten flächig auf den Rähmchenschenkeln auf, beeinträchtigen das Mikroklima in der Beute und zeigen das – unfreiwillig – auch durch Kondenswasserperlen an. Sie tragen dadurch zu einem bereits bestehenden bauphysikalischen Problem von rechteckigen Magazinbeuten bei und verschärfen es. Magazinimker berichten von verschimmelten äußeren Waben und setzen heute teilweise als Symptombekämpfung feuchtigkeitsabsorbierende, wärmedämmende Außenwaben ein. Diese sind zwar weiterhin rechteckig, mildern das weiterbestehende Problem jedoch in seinen schlimmsten Auswirkungen.

In der Bienenkugel kann die Luft auch oberhalb der Rähmchen zirkulieren und die Bienen können sich an der Oberseite der Rähmchen bewegen.

DIE UMHAUSUNG DER BIENENKUGEL

Versetzen Sie sich in die Lage der Bienen – wie wollten Sie leben?

Witterungsschutz

Eigentlich bräuchte jede einzelne Magazinbeute einen Schutz vor Wind und Wetter.

Situationen, in denen eine Umhausung notwendig ist, signalisieren die Bienen deutlich. So zum Beispiel, indem sie an heißen Sommertagen Wasser in den Bienenstock eintragen, um den von der Sonne aufgeheizten Raum zu kühlen. Dies ist ein enormer Energieaufwand und Stressfaktor für die Bienen, der wohl nur durch das Nachheizen bei Kälte übertroffen wird.

Eine Umhausung schützt die Bienenkugel vor Extremwetterlagen und Verwitterung.

Die Bienenkugel sollte aber auch aus Haltbarkeitsgründen der Beute von einer Umhausung oder einem Bienenhaus geschützt werden. Eine Lackierung ist dann nicht notwendig und die Diffusionsfähigkeit bleibt erhalten.

Modulare Rahmenbauweise

Bewährt hat sich eine abnehmbare Rahmenbauweise, die einen sicheren Aufbau bei einfachem Zugang zur Bienenkugel ermöglicht. Auch fertige Palettenrahmen mit dem Grundmaß von 80 und 60 Zentimetern sind verwendbar.

Umhausung in Rahmenbauweise im Dachauer Schlossgarten.

Diese modularen Bauteile werden durch ein Dach ergänzt. Um Zugang zum Habitatbehältnis zu erhalten, ohne die Umhausung zu entfernen, ist dafür eine kleine Öffnung anzubringen. Die Bienenkugel kann durch Unterbauen ergonomisch auf jede Arbeitshöhe eingestellt werden.

Abheben der Schutzelemente. Eine kinderleichte Aufgabe mit großem Nutzen.

DIE BESIEDELUNG DER BIENENKUGEL ERMÖGLICHEN UND ERLEBEN

Zur Schwarmzeit im Bienenjahr, wenn Sie vor einer nach frischem Holz duftenden neuen Bienenkugel stehen, wird sich der Drang ankündigen, diese in Betrieb zu nehmen. Beispielsweise im Frühsommer, wenn die Bienen endgültig die Winterruhe beendet haben und nun ersten Nektar und Pollen einsammeln und wieder Brut anlegen.

Aufzucht einer neuen Königin

Im Frühsommer beginnt bei den Bienen der natürliche Vermehrungstrieb. Dieser Prozess setzt ein, indem sie mehrere vertikal hängende Weiselnäpfchen bauen, in die die Königin ein befruchtetes Ei legt. Grund dafür ist die komplexe Art der Selbstorganisation von Bienen. Denn sie bestimmen selbst, ob sie eine neue Königin möchten und welche der geschlüpften Königinnen sich durchsetzt.

Eigentlich könnte eine „normale" Biene aus diesem befruchteten Ei entstehen, das lediglich in eine etwas größere Zelle eingelegt ist. Damit daraus aber eine Königin wird, füttern die Bienen dieses Ei mit einem speziellen Königinnenfutter: Gelée royale. Durch dieses spezielle Futter wächst aus der Larve eine Königin und nicht etwa eine Biene. Diese Zelle heißt auch „Weiselzelle", womit dem Wortsinn nach die so nicht zutreffende Vorstellung ausgedrückt wird, die weibliche Weisel besitze Regierungsgewalt. Die Weisel, die in dieser Zelle her-

Finden Sie die zwei Weiselzellen auf dieser Rundwabe?

anwächst, wie auch die Weisel, die die Weiselzelle mit einem Ei versehen hat, können die Bienen anweisen, etwas zu tun. Tatsächlich ist der Superorganismus des Bienenvolkes jedoch komplexer organisiert.

Welches Interesse hat die bisherige Königin im Volk, eine oft zweistellige Zahl an Konkurrentinnen heranziehen zu lassen? Sie läuft ja damit Gefahr, selbst von ihren eigenen Bienen getötet zu werden. Im Superorganismus des Bienenvolks laufen demnach Prozesse ab, die mit schnöde übertragenen Bildern, wie dem der monarchischen „Königin und ihrem Volk", nicht angemessen beschrieben werden.

Bei der Aufzucht neuer Königinnen handelt es sich um Prozesse, die eine hinreichende Möglichkeit zum Brutanlegen im Volk sicherstellen. Zur Schwarmverhinderung können je nach Imkermethode die Weiselzellen ausgebrochen werden.

Ausschwärmen

Die Anweisungen der neuen Königinnen beginnen bereits vor dem Schlüpfen. Die Bienen nehmen das zum Anlass, sich möglicherweise auch für die alte Königin zu entscheiden und sich bei ihr zu sammeln. Bis zu 15 000 Bienen fliegen dann typischerweise um die

Bienenschwarm in der Luft.

Zur Ruhe gekommener Bienenschwarm an einem Ast.

Mittagszeit aus der Bienenwohnung aus. Sie bilden einen Schwarm von zunächst mehreren Metern Ausdehnung. Nach einiger Zeit lassen sich diese vielen Bienen dann zunächst provisorisch nieder und suchen nach einer geeigneten neuen Behausung.

Nachdem die alte Königin ausgeschwärmt ist, schlüpft eine neue Königin. Sie vergewissert sich durch Kommunikation mit den Bienen, die wie ein lautes Quaken erscheinen kann, dass die alte Königin ausgeflogen ist. Sind mehr Weiselzellen im Bienenvolk vorhanden, kommt es nach dem Schlüpfen von weiteren Königinnen zum Kampf, da in einem Volk immer nur eine Königin zugelassen wird.

Im Regelfall jedoch entscheiden die Bienen nach eigenem Ermessen, welcher Königin sie folgen wollen, und die Natur nimmt ihren guten Lauf mit Begattungsflügen und einem hoffentlich gleichmäßigen und großen Brutnest.

Einfangen eines Schwarms

Fangen Sie einen Schwarm ein und lassen Sie ihn in die Bienenbeute einlaufen. Bevor sich jedoch Bilder vom einlaufenden Schwarm vor der Bienenkugel ergeben, sind einige Schritte notwendig: Wird ein Imker zu einem Bienenschwarm gerufen oder entdeckt selbst einen, kommt er mit einer Wassersprühflasche, einem leeren Behältnis für die Bienen und mit Werkzeug, um eventuell einen Ast in gewisser Höhe zu erreichen und abzuschneiden.

Einfangen des Schwarms in einem Schwarmfangbehältnis.

Ein Schwarm läuft in die Bienenkugel. Erfahrungsgemäß nehmen die Bienen den Innenraum der Kugel positiv auf. Dieser Effekt lässt sich durch bestimmte Kräuter oder das Zurverfügungstellen von Futter in der Beute noch verstärken.

Besprühen mit Wasser signalisiert dem noch fliegenden Schwarm, dass es gerade regne und er die Reise unterbrechen sollte. Ein sitzender Schwarm wird durch Wasser daran gehindert, erneut aufzufliegen. Dann kann man alles vorbereiten, um den Schwarm mit einer Schwarmfangkiste oder einem großen Behältnis einzufangen. Ein abgeschnittener Ast mit Schwarm kann in einen Kasten eingelegt oder der Schwarm – wenn notwendig – mit wenigen entschiedenen ruckartigen Bewegungen in einen Korb oder eine Kiste eingeschlagen werden. Die Friedlichkeit eines Schwarms ist immer wieder erstaunlich.

Bienenkugel – Besiedlung mit Schwarm nach sechs Wochen. Die Bienen haben bereits alle Rähmchen ausgebaut und Brut angelegt. Dies geht wegen der hohen Energieeffizienz bei der Bienenkugel besonders schnell.

Wenn man alle Bienen im Behältnis hat und man durch die Friedfertigkeit der Bienen zur Überzeugung gelangt ist, dass auch die Königin dabei ist, kann man die Bienen bis zu zwei Tage an einem kühlen, ruhigen Ort abstellen. Sie haben genug Futter dabei und beruhigen sich stark. Nach dieser „Kellerhaft" werden die Bienen bereitwillig in die Bienenkugel einlaufen. Dazu strömen sie zunächst breit auf ein Brett vor dem Flugloch und gehen bald darauf innerhalb einer halben Stunde mehrheitlich in das Flugloch der Beute.

Die ersten Bienen erkennen, dass es in der Bienenkugel dunkel ist, und beginnen zu sterzeln. Sie fordern damit die anderen Bienen auf, ebenfalls in die Beute einzuziehen. Ein ruhiger Ablauf ist in der Regel ein gutes Zeichen dafür, dass die Königin dabei ist und der Schwarm die Voraussetzungen mitbringt, ein gutes Volk zu bilden. Die Bienenkönigin ist oft beim Einlaufen in die neue Behausung zu erkennen, sie läuft einem Strom von Bienen hinterher.

Bevor die Fortpflanzung der Bienen entdeckt wurde, waren die Imker geradezu auf Schwärme angewiesen, um die Zahl ihrer Völker zu erweitern oder zu erhalten. Heutzutage dagegen sind im Sommer Sichtkontrollen in den Völkern üblich, bei denen der Imker eventuell vorhandene Weiselzellen herausbricht, um sein Bienenvolk vom Schwärmen abzuhalten. Gezüchtete und kostspielig angekaufte Königinnen sollen nicht beim Schwärmen verloren gehen.

Durch den Ausschluss des Schwärmens greift der Imker in komplexe natürliche Prozesse ein und macht sein Handeln so mittelfristig planbar. Schwärme sind heute auch mit dem Problem konfrontiert, dass sie keine natürlichen Behausungen in der

Die Bienenkugel kann auf drei Arten besiedelt werden:
1) Durch einen Ableger auf dem Wege eines Bruträhmchens.
2) Durch einen Schwarm wie hier beschrieben.
3) Durch einen Kunstschwarm wie bei Magazinbeuten.

Eine Bienenkönigin auf der Wabe.

Form von Baumhöhlen finden werden. Allerdings fallen dadurch auch selbstbestimmte Ausleseprozesse der Honigbienen weg, die die Bienen als Bienen ausmachen.

VON DER MAGAZINBEUTE AUF DIE BIENENKUGEL UMSTEIGEN

Ein Beutenwechsel mit bestehenden Völkern ist problemlos möglich. Allerdings bedarf er einiger Vorsichtsmaßnahmen, um nicht die Königin zu verlieren und um einen geordneten Ablauf zu ermöglichen.

Die Waben mit Bienen werden aus der alten Beute entnommen und auf das Einlaufbrett abgefegt. Daraufhin laufen die Bienen dann in die neue Beute ein.

Die von Bienen befreiten, rechteckigen Brutwaben können bedenkenlos in andere Magazinbeuten eingesetzt oder zur Ablegerbildung verwendet werden. Allerdings sollten die Bienen mehr als drei Kilometer weit verbracht werden, um eine Rückkehr der Bienen möglichst auszuschließen.

Bei dieser Methode sind die Bienen – anders als ein natürlicher Schwarm – nicht auf ein Umsiedeln vorbereitet. Sie führen kein Futter mit sich und bedürfen der Unterstützung durch sofortige und mittelfristige Zuführung von Futter. Der Ausbauprozess ist meist bereits nach vier Wochen abgeschlossen, schon zwei Tage nach dem Umsiedeln sind die ersten Wabenkränze deutlich sichtbar.

BIENENVERTRÄGLICHE PFLEGEBEOBACHTUNGEN

Wird der Feuchteregulierungsdeckel oben abgenommen, hat man als Imker bereits den ersten Blick ins Bienenvolk. Die Bienen werden dadurch nicht gestört, und Imker besitzen schon bald ein Gefühl von der Stärke und Vitalität des Bienenvolks.

Das ist ein Vorteil der Bienenkugel, denn hektische und schnelle Veränderungen, wie das Öffnen eines Deckels auf einer Magazinbeute oder das Anheben einer Zarge, mögen die Bienen gar nicht. Ihre Ablehnung führt zu einer auch hörbaren Abwehr- und Angriffsstimmung. Besonders an schwülen Tagen ist das manchmal ganz schnell spürbar.

In der Regel sind die Bienen in der Bienenkugel sehr relaxed.

Obwohl sie durch weniger Heiz- oder Kühlstress als in anderen Beutensystemen entspannter sind, macht Andreas Heidinger die Bienen auf die nächsten Schritte aufmerksam: Er klopft viermal auf den oberen Deckel, sodass die Bienen wissen, dass er kommt. Mit diesem Ritual zeigt er den Bienen seinen Respekt.

Kleiner Kontrollblick von oben. In diesem Volk scheint kein imkerlicher Handlungsbedarf zu bestehen, denn die Anzahl der Bienen signalisiert ein gut funktionierendes Brutverhalten und ein voraussichtlich solides Volk.

Öffnen und Schließen der Bienenkugel

Vor dem Öffnen der Bienenkugel fühlt es sich für Andreas Heidinger an, wie bei der Entwicklung der Bienenkugel insgesamt: Er versucht, mit den Bienen auf Augenhöhe zu stehen. Erst dann dreht er den Schließriegel nach oben und überprüft, wie fest die Deckel aneinanderhaften. Die Bienen verbauen in jedem Spalt und Schlitz Propolis und haben unter Umständen an manchen Rähmchen auf der Oberseite einen Wachsüberbau. Daher muss hier der Stockmeißel zum sanften Öffnen eingesetzt werden.

Je nachdem wie lange man die Bienenkugel nicht mehr geöffnet hat, fällt die Stärke der Verklebung aus. Mit dem Stockmeißel fährt man zuerst auf der linken Seite oberhalb des Niederhaltebrettes in die Kugelteilung. Dann hebelt man ganz leicht die obere Hälfte nach oben. Sollte das nur schwer gehen, führt man denselben Vorgang noch einmal auf der rechten Seite und in der Mitte durch, bis man den oberen Deckel mit dem Griff nach oben bewegen kann. Mit der einen Hand hält man so das obere Behältnis, während die andere Hand den Sicherungsriegel bedienen kann.

Der Sicherungsriegel sorgt für ein sicheres Arbeiten an der Bienenkugel und schützt vor einem unkontrolliertem Zuklappen der Behausung.

Öffnen der Bienenkugel mit dem Stockmeißel. Beim Heben des Stockmeißels wird das Niederhaltebrett unten gehalten, während die untere und die obere Kugelhälfte auseinandergedrückt werden.

Der Sicherungsriegel sorgt für einen sicheren Halt des oberen Deckels in geöffneter Position.

Nach der Neuansiedlung eines Bienenvolkes in der Bienenkugel sollte man nach zwei bis drei Tagen die Bienenkugel öffnen und prüfen, ob die Bienen nicht etwa quer zu den eingesetzten Rähmchen gebaut haben. Zu diesem Zeitpunkt kann man noch problemlos korrigierend eingreifen. Ein Wabenbau von einem zum nächsten Rähmchen sollte jetzt entfernt werden, und man sollte Mittelwände verwenden. Der Querbau, von Imkern als Wildbau gebrandmarkt, kommt jedoch recht selten vor.

Querbau. Dieser sollte schnell entfernt werden, um mit der Bienenkugel imkern zu können. Anderenfalls gibt der Imker die Kontrolle über sein Volk ab und könnte im Falle einer Erkrankung nicht eingreifen.

Beginn des Wabenneubaus am Rundrähmchen.

Beginn des Wabenneubaus am Rundrähmchen. Erster Einblick in ein im Bau befindliches Wabenwerk.

Nelkenöltücher als Quetschschutz vor dem Schließen der Bienenkugel.

Als sinnvoll hat sich erwiesen, zumindest die drei mittleren Rähmchen mit Mittelwänden auszustatten. Die Ursachen und die Motivation von Bienen, die Querbau anlegen, liegen im Dunkeln. Mit einer kleinen Orientierung durch Mittelwände fiel ein zweiter Versuch jedoch noch stets wie gewünscht aus.

Das Schließen der Bienenkugel fällt vielen Imkern schwer. Die friedlichen Bienen auf den harmonisch wirkenden Rundwaben zu beobachten, ist ein Vergnügen. Kommt dieser Zeitpunkt des Schließens aber, so ist darauf zu achten, dass man möglichst wenig Bienen auf der Teilungsfläche zerquetscht. Man könnte die Bienen einfach in den Kasten fegen. Bewährt hat sich aber auch, ein mit einigen Tropfen Nelkenöl beträufeltes Tuch auf die Teilungsfläche zu legen. Die Bienen weichen vor dem sanften Aroma zurück und geben die Teilungsfläche frei.

Vor dem Schließen zieht man dann mit einer Hand die Nelkenöltücher weg, dadurch sinkt die Gefahr des Zerquetschens von Bienen. Das nelkenölgetränkte Tuch kann man am besten in einem großen Einmachglas aufbewahren. So trocknet es nicht aus, erhält ein gleichmäßiges Aroma und kann lange verwendet werden.

Sich selbst überzeugen, trotz Polleneintrag

Auf den ersten Blick wirken die elf Rähmchen für viele Imker wie eine Einschränkung ihrer Tätigkeiten bei der Bearbeitung der Bienen. Aus Sicht eines Imkers, der möglicherweise lange Jahre mit Magazinbeuten geimkert hat, ist es gewöhnungsbedürftig, dass jedes Rähmchen seinen eigenen Platz hat und nicht verschoben werden kann.

In der Bienenkugel gestalten die Bienen den Brutraum selbst. Das hat das Bienenleben in der Bienenkugel mit dem Bienenleben in der Baumhöhle gemeinsam.

Imkerliche Eingriffe, um den Brutraum zu verkleinern oder zu vergrößern, sind nicht notwendig.

Betreuen statt ständig eingreifen

Die neue Rolle des betreuenden Imkers hat Auswirkungen auf die Bienen: Die Bienen unterliegen nicht ständig einem Einfluss von außen. Die neue Rolle des betreuenden Imkers hat Auswirkungen auf den Imker: Er spart sich Zeit; viele Wege sind nicht mehr notwendig und das Handling – einschließlich des Fütterns – ist einfacher und angenehmer. Er hat weniger Arbeiten am Bienenvolk in der Bienenkugel zu erledigen.

Die Bienenkugel ist als ganzjähriger Brut- und Überwinterungsraum ausgelegt. Diesen Brutraum können die Bienen nun selbst und ungestört gestalten. Gerade Imker-Anfänger kommen gut mit diesem neuen System zurecht.

Imkerliche Fehler sind mit der Bienenkugel eher selten.

Wer den Verlauf des Bienenjahres mit Magazinbeuten kennt, kommt oft zu Aussagen wie derjenigen eines 83-jährigen Imkers, der inzwischen zwei Bienenkugeln in Verwendung hat: „Eigentlich brauchen die Bienen uns gar nicht in der Bienenkugel."

WABENENTNAHME IM BRUTRAUM

Wenn die Bienen Pollen eintragen, kann von einem ordnungsgemäßen Bienenleben ausgegangen werden. Sollte doch einmal die Neugier obsiegen oder sollten sich Verdachtsmomente einstellen, so empfiehlt es sich, die Durchsicht

Wabenentnahme im Brutraum.

des Brutnestes in folgender Weise vorzunehmen. Am besten beginnt man mit der Seite, die dem Flugloch gegenüberliegt. Dort entnimmt man als erstes das äußerste, kleinste Rähmchen und stellt es auf die Seite oder in einen Rähmchenhalter. Ist eine große Durchsicht geboten, so kann zu Beginn jede Wabe vorher kurz mit dem Stockmeißel angehebelt werden, um sie dann leichter herausnehmen zu können.

Das zweite Rähmchen lässt sich nun schräg in die Position des ersten entnommenen Rähmchens stecken, das dritte Rähmchen in die Position des zweiten usw. Wenn man in der Mitte ist, kann man bis zur Fluglochseite weiterarbeiten. Alternativ gibt man alle Rähmchen wieder in ihre Position und beginnt von der Fluglochseite.

Schwingende Waben

Beim Entnehmen einer Brutwabe ist wichtig, dass bei Naturbau das Rähmchen immer senkrecht, nie waagerecht gehalten wird. Die Wabe könnte sonst in der Mitte abbrechen, denn Brutwaben werden nie am unteren runden Teil des Rähmchens an den festen Teil angebaut. Wenn man eine solche Wabe in der

Erstbebrütete schwingende Wabe. Das Wachs ist dementsprechend hell und lässt das Sonnenlicht hindurch.

Hand hält, kann man sehr schön beobachten, wie diese schwingt. Honigwaben werden unten angebaut. Oft heißt es, dass die Bienen über die schwingende Wabe kommunizieren würden. Andreas Heidinger vermutet, dass durch die Schwingung die Eierstifte in Bewegung gesetzt werden und sich eventuell neu ausrichten oder drehen, Geflügeltieren ähnlich, die ihre Eier im Nest umdrehen.

WABENBAU FÜR POLLEN, HONIG, BRUT UND DROHNENBRUT

Die Möglichkeit des individuellen Wabenbaus setzt das Bienenvolk in die Lage, die Wabenzellen nach Größe und Funktion optimal zu gestalten.

Wie bauen die Bienen die Rundrähmchen typischerweise aus?

Waben unterliegen einer typischen Aufteilung von Pollen, Honig, Brut und Drohnenbrut. In der Regel ist rund um das Brutnest herum der von den Bienen fermentierte Pollen für den Nachwuchs eingelagert vorzufinden.

Am meisten Pollen wird in den Waben im Eingangsbereich des Fluglochs eingelagert.

Biene beim Sammeln von Nektar und Pollen.

Pollenwabe (mit Bienenbrut und verdeckeltem, reifem Honig). Der Pollen ist an der Farbenvielfalt in unverdeckelten Wabenzellen zu erkennen.

Drohnenbrut

Die Biene männlichen Geschlechts, die Drohne, wächst in einem Kranz von Drohnenbrut rund um die Bienenbrut heran. Dieser Drohnenkranz hat nach Beobachtungen von Andreas Heidinger die architektonische Aufgabe, Wärme zu halten. Damit könnte sich die Lage der Drohnenbrut, die rund um das Bienenbrutnest in die Wabengassen hineinragt, erklären lassen.

Die Drohnenzelle dient der Entwicklung der Bienenbrut, indem sie diese nach außen isoliert und damit eine ausreichende konstante Wärmeversorgung ermöglicht.

Durch diese natürliche konstruktive Versperrung der Wabengassen soll verhindert werden, dass die Wärme aus dem Brutbereich entweicht.

Die stachellose Drohne wird von den Bienen mit Honig und Pollen gefüttert, damit sie zu gegebener Zeit eine Königin begatten kann. Um größtmögliche genetische Vielfalt herzustellen, wechseln Drohnen auch die Völker. Sie sterben nach der, in der Luft während des Fluges stattfindenden Begattung der Königin im Zuge der sogenannten Drohnenschlacht. Denn im Hochsommer nach der Sommersonnenwende werden die Drohnen im Bienenstock nicht mehr benötigt. In der mehrere Wochen dauernden Drohnenschlacht werden alle Drohnen entfernt. Bis jetzt wurden die Drohnen von den Bienen gefüttert, jetzt werden die Drohnen nicht mehr in den Bienenstock hineingelassen. Dabei erkennt man gut, wie viel klei-

Drohnenbrut am Rand der Bienenbrut.

ner die Bienen gegenüber den Drohnen sind und den Kampf trotzdem gewinnen. Der Drohn verliert sein Leben, weil er nirgends mehr in den Bienenstock kommt und nicht mehr gefüttert wird.

Während in Magazinbeuten normalerweise bis zu 3000 Drohnen leben, zählte man in Bienenkugeln nur bis zu 600 Drohnen, also nur ein Fünftel davon.

Die Berufsimkerin Annette Seehaus hat beobachtet, dass manche Drohnen-Randbrutzellen bei Brutwärmeproblemen erst nach 27 Tagen statt nach 24 Tagen schlüpften. Sie hat dadurch eine Erhöhung der Anzahl neuer Varroen festgestellt, nämlich je halbem Tag längerer Verdeckelungszeit kam ein vermehrungsfähiges Varroa-Weibchen hinzu. Diese schlüpfen mit der Drohne aus einer Brutzelle.

Freuen Sie sich im Sinne des geringeren Varroabefalls, dass die Bienenkugel mit weniger Drohnenbrut auskommt und diese varroamindernd warmhalten kann.

Wenn man in der Bienenkugel einen Schwarm mit anfangs auffallend vielen Drohnen einlogiert, sind viele davon nach ein bis zwei Wochen verschwunden. Eigentlich wird ihnen als reguläre Aufgabe zugesprochen, dass sie die Harmonie im Volk stabilisieren. Sie können das Volk aber auch jederzeit wechseln. Offenbar machen sie sich dann bald auf den Weg in benachbarte Magazinbeuten.

„Drohnenschlacht" im Hochsommer. Die Drohnen werden nicht mehr in den Bienenstock gelassen.

HONIGRAUM AUFSETZEN – HONIG ERNTEN

Wann man den Honigraum aufsetzen sollte, ist bei Magazinbeuten oft eine schwierige Frage. Bei dieser plötzlichen Erweiterung der Bienenbeute über dem Brutbereich wird eine große Fläche freigemacht, in der dann die Brutnestwärme nach oben entweicht, eine Gefahr für die Brut, insbesondere bei einem Kälteeinbruch.

In der Bienenkugel hat der Durchgang zum Honigraum einen Durchmesser von 120 Millimetern, der Honigraum muss daher von den Bienen auch nicht beheizt werden. Wird es kalt, können die Bienen den Honigraum oberhalb der Bienenkugel verlassen und die Brut mit Wärme versorgen. Die Bienen verschließen abwechslungsweise mit ihren Körpern die Wabengasse an der oberen Öffnung. So kann kaum Wärme vom Brutnest nach oben entweichen. Bei Magazinbeuten ist dies nicht möglich, weil die Fläche viel größer ist. Magazinbeuten sind stärker vom Befall mit „Kalkbrut" gefährdet.

Ein großer Unterschied zu Magazinbeuten ist, dass in der Bienenkugel der Honig im Brutraum meist ganz ohne Zufüttern über den Winter reicht.

Bei der Bienenkugel ist vieles anders als bei Magazinbeuten, aber die Honigernte gleicht sich. Wie auf eine Magazinbeute, können bei der Bienenkugel beliebige Honigraumsysteme wie Dadant, Deutsch Normal/DN, Herold, Warré, Zander usw. aufgesetzt und bewirtschaftet werden. Sollte eine Zarge größer als die Auflagefläche auf der Bienenkugel ausfallen, kann ein Adapterbrett verwendet werden.

Je nach Imkermethode kann ein Absperrgitter aufgelegt werden, damit die Königin nicht in den Honigraum gelangt. Bevor man den Honigraum aufsetzt, sollte man vorher die Bienenkugel öffnen und schauen, ob eventuell ein Wachsüberbau über den Rähmchen und an der oberen Kugelhälfte vorhanden ist, diesen dann entfernen und die Wabengassen nach oben hin auf Freiheit prüfen. Dadurch erhalten die Bienen Gelegenheit, den Raum als Honigraum zu erkennen.

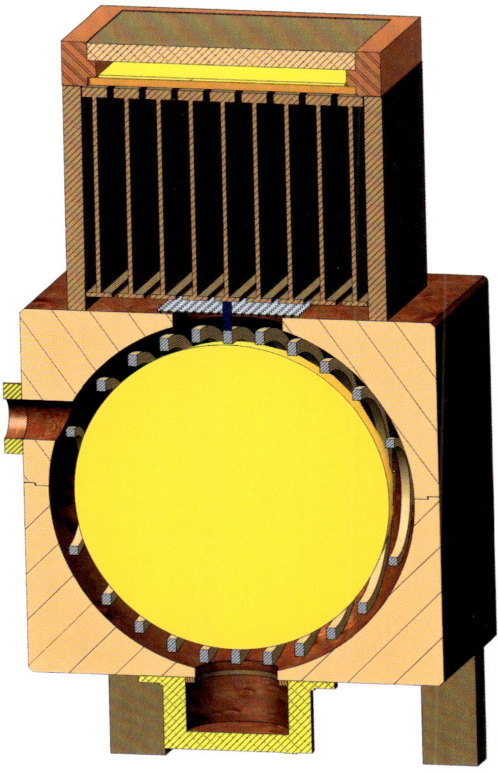

Schnitt durch Bienenkugel und Honigraum. Hier können alle gängigen Beutensysteme auf die Bienenkugel aufgesetzt werden.

Die Erweiterung des Volkes mit Honigräumen ist nicht optional, sondern kann sogar von existenzsichernder Relevanz für

Honigraum mit Absperrgitter, um die Königin abzuhalten.

Honigräume auf der Bienenkugel. Bewährtes mit Innovationen verknüpfen.

Eckige Honigwabe aus dem eckigen Bienenkugelhonigraum. Ein Honigraum wird von den Bienen nicht beheizt. Deshalb ist hier die Energiefrage weniger relevant.

Runde Honigwabe mit verdeckelten Wabenzellen.

Im Gegensatz zu den Brutwaben bekommen Honigwaben Stützen, damit die Honigwabe nicht abreißen kann. Offenbar wissen die Bienen, dass Honigzellen schwerer sind als Brutzellen.

das Bienenvolk sein. Wird der Honigraum zu spät aufgesetzt, tragen die Bienen möglicherweise bereits zu viel Honig ein, und der Königin fehlt der Platz für die Eiablage. Ausnahmsweise ist „Verhonigung" eine Sorge der Imker, wenn sie das Brutnest betrifft. Dann muss der Imker handeln und den Bienen Platz geben. Sollten die verhonigten Waben im Brutraum unbebrütet sein, kann man aus diesen Waben einen Wabenhonig ernten, der ein besonderes Geschmackserlebnis bietet.

Feuchteregulierung im Honigraum – auch bei Magazinbeuten nützlich

Der Feuchteregulierungsdeckel für den Honigraum funktioniert wie der runde Feuchteregulierungsdeckel für die Bienenkugel. Die zu feuchte Luft kann durch die Gitterschlitze hindurch in die Kiefernkernholzmatte diffundieren. Die Bienen werden dadurch beim Herausfächeln der warmen, Feuchtigkeit enthaltenden Stockluft entlastet. In einzelnen Fällen zeigte sich, dass auch in Magazinbeuten durch den Aufsatz des Erste-Hilfe-Deckels ein trockenerer und dadurch höherwertiger Honig als ohne diesen Deckel gewonnen werden konnte.

Erfahrungen zeigen, dass durch den Einsatz des Deckels kein Kondenswasser mehr aufzufinden ist und das Stockklima sich dauerhaft verbessert.

Feuchteregulierungsdeckel für Magazinbeuten.

Kiefernkernholzmatte. Wirkt feuchteregulierend und antibakteriell.

Der Feuchteregulierungsdeckel wird derzeit für alle gängigen Magazinbeuten angefordert und geliefert. Er kann als Erste-Hilfe-Maßnahme zur Stockfeuchteregulierung auch für den Brutraum eingesetzt werden.

Der Kuppelhonigraum

Das Besondere am Kuppelhonigraum ist, dass man zu jeder Zeit, von den Bienen fast unbemerkt, einen Einblick in das Bienenvolk bekommt. Er bietet eine neue Möglichkeit, Bienen beim Honigeinlagern zu beobachten.

Abgedeckter Kuppelhonigraum.

Der Kuppelhonigraum. Entwickelt nach einer Idee von Undine Westphal.

Der Einblick in das Bienenvolk durch den Kuppelhonigraum fasziniert und begeistert Kinder, Schüler, aber auch Erwachsene. Neuimker können ein besseres Bild von der Entwicklungsgeschwindigkeit der Bienen gewinnen.

Der Kuppelhonigraum besteht aus elf Halbrundrähmchen. Die Rähmchen können gedrahtet und mit Mittelwänden versehen werden, um dann wie rechteckige Rähmchen in jeder normalen Honigschleuder geschleudert werden zu können. Der Feuchteregulierungsdeckel von der Bienenkugelabdeckung lässt sich auch auf dem Kuppelhonigraum verwenden. Die Rähmchen können auch im Brutraum als Futterrähmchen eingesetzt werden.

Der Kuppelhonigraum im Einsatz. Er kann auch auf jede Magazinbeute aufgesetzt werden.

Die Halbrundrähmchen können problemlos geschleudert werden.

WIE DIE BIENENKUGEL VOR VARROABEFALL SCHÜTZT

Die Varroamilbe ist ein Parasit, der den Bienen sehr schadet und ganze Bienenvölker vernichten kann. Von Varroa befallene Bienen übertragen auch gefährliche Viren auf Blüten, wo sie auf Hummeln übertragen werden, berichtet die Ulmer Forscherin Lena Wilfert. Dieser Parasit muss ständig bekämpft werden.

Auch in der Bienenkugel tritt die Varroamilbe auf. Im direkten Vergleich mit eckigen Beutensystemen stellten einige Imker fest, dass der Befall in der Bienenkugel geringer ist. Dafür kann die in der Bienenkugel geringere Anzahl an Drohnen verantwortlich sein, denn die Varroamilbe vermehrt sich häufig in der Drohnenbrut. Wissenschaftliche Studien belegen auch, dass klimatische Faktoren wie die Luftfeuchtigkeit die Reproduktion der Varroamilbe beeinflussen.

Vereinfacht lässt sich sagen, dass durch konstruktive Maßnahmen im Beutensystem eine Regulierung der Luftfeuchtigkeit und somit eine Verlangsamung der Populationsdynamik der Varroamilbe erreicht werden können. Die Bienenkugel ermöglicht durch eine geringere Luftfeuchtigkeit einen wirksamen Gesunderhaltungsschutz. Der Erfolg ist von der Vorbelastung des Volks abhängig.

Die Bienenkugel erleichtert die Varroakontrolle durch die kleinere Fläche der Habitatschublade.

Der Inhalt des Behältnisses kann auf ein weißes Papier gekippt werden und bequem ausgezählt werden. Zur Beurteilung des Milbenbefalls empfiehlt die Bayerische Landesanstalt für Wein- und Gartenbau folgende Werte zur „Erfassung des natürlichen Milbenbefalls“ (siehe Tabelle Seite 113).

Varroamilbe auf der Biene.

Zählwerte zur Hochrechnung für den Befall mit Varroamilben.

Zeitraum	Kritischer Milbenbefall/Tag (Analyse auf der Windel)	Eingreifen	Milben/Tag Umrechnungsfaktor (tatsächliche Milben im Bienenvolk)
Juli	< 5 Milben 5–10 Milben > 10 Milben	keine akute Gefahr Vorsicht ist geboten möglichst bald behandeln	100–300
Oktober/November	0,5		500

Sollten Sie sich aufgrund des tatsächlichen Varroamilbenbefalls für eine Varroabehandlung entscheiden, beachten Sie bitte vorrangig die länderbezogen unterschiedlich zugelassenen Wirkstoffe, Dosierungen und Methoden.

Sämtliche aktuell in Deutschland amtlich zugelassenen Medikamente und Methoden für die Varroabehandlung können prinzipiell in der Bienenkugel eingesetzt werden.

Falls Sie nicht zu der Zahl an Bienenkugelimkern gehören, die auf eine Behandlung verzichten können, finden Sie hier Tipps aus eigenen Erfahrungen:

Bei der Ameisensäurebehandlung hat es sich bewährt, eine Leerzarge aufzusetzen, in die man einen Verdunster einsetzt. Aber auch mit einem durch Viertelung mehrlagig gemachten Schwammtuch kann man die Ameisensäurebehandlung durchführen. Man legt das Tuch auf ein Gitter auf die mittleren Rähmchen nahe der oberen Öffnung, erst dann wird die Ameisensäure auf das Schwammtuch aufgebracht, beginnend mit einer kleinen Dosierung und unter Beobachtung, wie die Bienen auf die Säure reagieren und ob Varroenbefall stattfindet.

Wabenerneuerung der Rundrähmchen mit dem Rähmchenhalter

Mit dem Rähmchenhalter kann man die entnommenen Rähmchen bei der Völkerdurchsicht außerhalb der Bienenkugel zwischenlagern. Das erleichtert das Arbeiten am Bienenvolk. Der Rähmchenhalter kann aber auch in der Wabenerneuerung eingesetzt werden. Dabei werden ausgewählte, vielbebrütete und daher eingeschwärzte Brutwaben zu einem Teil mit dem Messer ausgeschnitten. Die Bienen erhalten auf diese Weise die Gelegenheit, neue frische Waben zu bauen.

Befördert wird diese Möglichkeit, wenn die Rähmchen im Naturbau, also ungedrahtet, verwendet werden.

Rähmchenhalter.

Bebrütete Waben, die erneuert werden sollen, können alternativ auch in einen Rähmchenhalter in Aufsatzzargen eingestellt werden. Ein Absperrgitter hält die Königin im Brutraum, ermöglicht aber den Bienen die Pflege der Brut bis sie schlüpft und ausläuft. An die Stelle, an der man das Rähmchen entnommen hat, setzt man zuvor ein neues leeres Rähmchen, das von den Bienen neu bebaut werden kann.

EINWINTERUNG, EINFÜTTERN UND GEWICHTSKONTROLLE

In der Bienenkugel überwintert ein Bienenvolk mit einer Futtermenge von sechs bis neun Kilogramm Futter. In Magazinbeuten benötigt es 15 bis 20 Kilogramm. Die geringere Einfütterungsmenge und -notwendigkeit ist eine Faustgröße, beruhend auf Erfahrungswerten. Füttern ist meist auf die Zeit beschränkt, in der man ein neues Bienenvolk in der Bienenkugel ansiedelt hat und es viel Energie zum Wabenbau benötigt. Bei genügender Tracht und guten Wetterverhältnissen rühren die Bienen ihre Futtervorräte gar nicht an.

Herbstwabe. Das Brutnest wird kleiner und der Honigrand größer.

Futterraum. Alle gängigen Modelle sind mit der Bienenkugel einsetzbar.

Fütterung mit der Honigglas-Methode.

Egal ob die Einfütterung mit Honigglas oder mit klassischem Futterraum geschieht, sollte man noch eine Leerzarge mit Deckel aufsetzen. Das bietet den Vorteil, dass die Gefahr für Räuberei verringert wird und die Bienen das warmbleibende, unausgekühlte Futter leichter aufnehmen können.

Die Entscheidung, ob zu füttern ist oder nicht, sollte auf Grundlage einer Gewichtsermittlung des Volkes getroffen werden.

Die Bienenkugel wiegt ca. 29 Kilogramm, dazu kommen ca. zwei Kilogramm Waben und Bienen. Das gemessene Gewicht lässt sich besser als bei Magazinbeuten mit Blick auf die vorhandene Futtermenge bewerten, weil die Rähmchenzahl konstant ist. Zur Gewichtsmessung der Bienenkugel eignen sich Koffer-, Feder- oder digitale Permanentwaagen.

Im Herbst und Winter gibt es für den Imker eigentlich nichts zu tun. Die Bienen brauchen jetzt vor allem absolute Ruhe. Sogar Schritte und kleine Erschütterungen rund um den Bienenstock herum können die Bienen stören. Wichtig sind jetzt ein Mäuseschutz vor dem Flugloch und gelegentliche Sichtkontrollen. Den Schutz vor Mäusen gewährleistet ein Holzriegel mit Löchern mit einem Durchmesser von zehn Millimetern, der auch für die Fluglochverkleinerung bei Wespendruck am Flugloch mit seinen rund 50 Millimeter Durchmesser angebracht werden kann. Ein gelegentlich verwendetes Drahtgeflecht ist wegen der höheren Wärmeleitfähigkeit von Eisen weniger geeignet, weil es kälter ist.

Herausforderung Klimawandel

Mit der Klimaerwärmung hat sich einiges für die Bienen, aber auch für die Imker verändert. Ist beispielsweise ein Winter besonders warm, wird die Königin später oder auch gar nicht aus der Brut gehen. Dies bedeutet für die Bienen, dass sich die Varroamilbe weiter in den Brutzellen vermehren kann. Eine sonst stattfindende Brutpause, die die Varroafortpflanzung unterbrochen hätte, findet in solchen Wintern nicht statt.

Auch ist bei warmen Wintern die relative Luftfeuchtigkeit außerhalb der Bienenwohnung höher als bei kalten Wintern. Dies bedeutet aber, dass die Bienen in der Magazinbeute durch den offenen Gitterboden zusätzlich zur kalten Luft auch noch mit hoher relativer Luftfeuchtigkeit konfrontiert werden. Wenn man bedenkt, dass Nebel und Dauerregen 100 Prozent Luftfeuchtigkeit bedeuten und die Bienen bei einem solchen Außenklima ständig auch viel Feuchtigkeit in der Bienenwohnung ausgesetzt sind, stehen sie vor der Herausforderung, ein angenehmes Klima in der Bienenwohnung zu schaffen.

Zum Vergleich kann man das Trocknen von Wäsche im Freien heranziehen, das bei einer hohen relativen Luftfeuchtigkeit geradezu unmöglich ist. Ein ähnliches Problem haben die Bienen in der Magazinbeute mit offenem Gitterboden. Dagegen hat ein Bienenvolk in der Bienenkugel nur durch das Flugloch Kontakt mit der Außenwelt.

Vorteile der Bienenkugel nach dem Winter

Der Winter ist noch nicht ganz vorbei, und die Bienen machen bei 10 bis 12 Grad Celsius bereits den ersten Reinigungsflug, bei dem sie ihren Darm von Stoffwechselresten aus bis zu drei Monaten im Bienenstock entleeren.

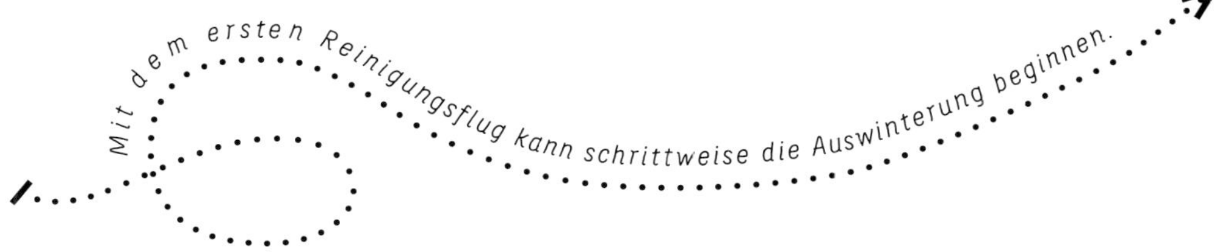

Das Bienenjahr beginnt damit, dass die Königin die Eiablage wieder aufnimmt. Das ist von außen daran zu erkennen, dass in dieser Zeit erster Pollen von der Haselnuss, der Kornelkirsche, vom Schneeglöckchen und dem Winterling eingetragen wird.

Reinigungsflug nach überstandenem Winter.

Auffallend ist, dass nahe beieinanderstehende Magazinbeuten und Bienenkugeln im Schnee unterschiedliche Kotspuren aufzeigen. Vor den Magazinbeuten sind die gelben Flecken wesentlich zahlreicher als vor der Bienenkugel. Das interpretiert Andreas Heidinger als ein Indiz für eine höhere Energieeffizienz und geringeren Stoffwechselumsatz in der Bienenkugel. Dadurch ist für Bienen in der Bienenkugel das Risiko von Verkotung und Darmkrankheiten geringer. Sie können auch früher in die Brutpflege einsteigen, denn ab jetzt müssen sie die Luft im Brutnest höher aufheizen als noch im Winter nötig, nämlich auf 35 Grad Celsius.

Nur in seltenen Fällen ist bei Bienenvölkern in der Bienenkugel in den vergangenen Jahren eine Zufütterung notwendig gewesen.

Der Imker hat in dieser Phase die Möglichkeit, das untere Behältnis zu entnehmen und störungsfrei und ohne Temperaturverlust die Bienengesundheit im Spiegel des Gemülls zu untersuchen. Je nach Länge des Winters können bis zu 100 tote Bienen im Habitatbehältnis liegen, bei deren Entfernung der Imker die Bienen unterstützen kann.

Tote Bienen im Habitatbehältnis nach dem Winter.

Ein Blick in den oberen Deckel bietet dem Imker Aufschluss darüber, wie viele Wabengassen mit Bienen belebt sind und wie der Futtervorrat ausfällt. Genauere Angaben über den Honigvorrat erhält er durch eine Gewichtskontrolle der Gesamtbeute.

Auf einen Blick

Sieben Punkte, die für die Bienenkugel sprechen:

- wenig Arbeitsaufwand
- Imkern für Anfänger leicht zu lernen
- Stockklima-fördernde Elemente
- geringer Futterverbrauch
- geringe Varroabelastung
- aufsetzbarer Honigraum zur Überschusshonigernte
- Habitat für den Bücherskorpion

AUSBLICK FÜR BIENE, MENSCH UND UMWELT

Bienen sind in der Bienenkugel friedlicher, gesünder und wintern regelmäßig früher aus. Imkerliche Kontrollen sind jederzeit schonend möglich, aber wesentlich seltener nötig.

Wir kennen niemanden, der mit der Kugelbeute angefangen hat und nicht total begeistert ist. „Das ist die richtige Methode, und dabei bleibe ich!" Mit diesen Worten charakterisierte der renommierte Bienenforscher Jürgen Tautz im Jahr 2015 das neue Beutensystem Bienenkugel. Im Gespräch mit dem späteren Chefredakteur der Schweizerischen Bienenzeitung, dem Schweizer Journalisten Jürg Vollmer führte er physikalische und biologische Gründe dafür an, dass aus seiner Sicht die Bienenkugel „eine sehr bienenfreundliche Wohnumgebung" sei.

NEUE PERSPEKTIVEN FÜR DIE IMKEREI

Die harmonische Schönheit eines Bienenvolkes auf den Rundwaben in der geöffneten Bienenkugel beeindruckt Besitzer und Besucher von Bienenkugeln immer wieder aufs Neue. Insbesondere mit der transparenten Beobachtungskuppel lassen Betrachter genüsslich ihren Blick von Biene zu Biene, Rähmchen zu Rähmchen und Wabe zu Wabe wandern.

Diese positiven Eigenschaften wissen zahlreiche Neuimkerinnen und Neuimker zu schätzen, die mit der Bienenkugel einen sanften Einstieg in ein lohnendes Hobby gefunden haben. Über die Intensität und die Tiefe, mit der sie sich mit den Bienen beschäftigen, entscheiden Neuimker selbst. Die Bienenkugel erleichtert die ersten Schritte und macht Schülerinnen und Schülern verschiedener Schultypen, Klassenstufen und Fächer Spaß.

Zukünftige Weiterentwicklungen der Bienenkugel werden sich darauf richten, erfahrenen Imkern, die sich oft ein Imkerleben lang auf eckige Kästen – gleich welcher Art – spezialisiert haben, den jetzt schon gut möglichen Umstieg weiter zu erleichtern. Auf seiner Homepage www.bienenkugel.de erläutert Andreas Heidinger stets aktuell die weiteren Verbesserungen für Bienenhalterinnen und Bienenhalter.

NEUE PERSPEKTIVEN FÜR DIE LANDWIRTSCHAFT

Das landwirtschaftliche Interesse an der Bienenkugel dauert seit der Präsentation der Bienenkugel auf der Agritechnica 2017 in Hannover unvermindert an. Die Landwirte wissen es zu schätzen, dass ihre Erträge durch stete Bienenbestäubung der Blüten erheblich erhöht, in der Qualität verbessert und durch eine – bei den Bienenkugelbienen – frühere Bestäubung und frühere Fruchtausbildung auch vor Frost und Blütenschädlingen geschützt sind.

Eine verbesserte Bestäubung bietet auch erweiterte Perspektiven für die Züchtung neuer Pflanzen. Bedenkt man, dass bei Ölsaaten und Früchten eine Ertragssteigerung zwischen 20 und 70 Prozent zu erwarten ist, gewinnt die Tatsache, dass der auf der Pariser Weltausstellung ausgestellte erste Dieselmotor mit einem pflanzlichen Öl betrieben wurde, eine verlockende Anmutung.

Eine systematische Eingliederung von wartungsarmen Bienen in die Landwirtschaft kennt nur Gewinner.

So gewinnt einerseits die Landwirtschaft. Denn sie steht gleichzeitig unter hohem Produktivitätsdruck wie auch unter dem ge-

Rapsfeld. Mit Bieneneinsatz lassen sich ein um bis zu 30 Prozent gesteigerter Samenertrag und ein um bis zu 2 Prozent höherer Ölgehalt erreichen sowie zusätzlich bis zu 240 Kilogramm Honig je Hektar ernten.

Geplante Vielfalt – geplante Bestäubung. Blühstreifen können in der Landwirtschaft durch eine einfache Bienenhaltung zu Mehrerträgen führen.

sellschaftlichen Anspruch auf Einhaltung ökologischer Standards beim Erhalt der Bodenfruchtbarkeit, Grundwasserqualität und Biodiversität. Diese doppelt bedrängte Landwirtschaft gewinnt eine neue Perspektive für wirtschaftlich und ökologisch gesundes Handeln. Die neuerdings angelegten Blühstreifen sind andererseits ein Element, bei dem die Bienen gewinnen. Denn diese Blühstreifen erhalten die Trachtstabilität für die Bienen an großen Feldern auch dann, wenn die Hauptkulturen bereits bestäubt wurden und daraufhin den Nektarschub abgeschlossen haben.

Andreas Heidinger versteht die Einstein zugeschriebene Formulierung, der zufolge das Wohl der Biene mit dem Wohl der Menschheit verbunden ist, als Aufgabe, die Biene zu unterstützen. Sein Ziel war und ist es, den von Menschen gehaltenen Bienen die bestmögliche Beute zuteilwerden zu lassen.

Für die im Umbruch befindliche Landwirtschaft könnte die Honigbiene einen wesentlichen Beitrag zur Ertragssteigerung je Hektar leisten.

Wenn die positiven Erlebnisse aus den Erfahrungen der Bienenkugelhaltung sich bei der in der Phase der Digitalisierung befindlichen Landwirtschaft fortsetzen würden, hätte Andreas Heidinger das Ziel seiner Erfindung erreicht: unsere menschliche Existenz nachhaltiger zu machen.

SERVICE

ÜBER DIE AUTOREN

Andreas Heidinger hat 2012 die „Bienenkugel" entwickelt, um den Bienen ein Leben wie in der Baumhöhle zu ermöglichen.

Dr. Christian Kuhn blieb den Bienen in der Imkerei seines Vaters immer treu. Er ist Lehrer, Hochschullehrer und hält Vorträge zur Beziehung von Biene und Mensch.

LITERATUR

Wenn Sie grundlegende Informationen zum Einstieg ins Imkern suchen, steht Ihnen eine Reihe von Einführungen zur Verfügung. Davon empfehlen wir Ihnen, neben dem vorliegenden Buch, folgende drei Publikationen. Darunter folgen in alphabetischer Reihenfolge diejenigen Bücher, auf die sich dieses Buch bezieht.

Lampeitl, Franz (2009): Bienenbeuten und Betriebsweisen. Die Imker-Praxis, Stuttgart

Riondet, Jean (2018): Das erste Bienenvolk – Schritt für Schritt. Übersetzt von Claudia Ade. Ulmer Verlag, Stuttgart

Westphal, Undine (2017): Abenteuer Bienenkugel. Eine Anleitung für das ‚runde' Imkern, Eigenverlag Bienenbücher.de, Hünenfeld

Alfonsus, A. (1891): Der Feind der Bienenlaus [Ort unbekannt, Faksimile liegt vor, zwei Druckseiten]

Bogusch, P., Horák, J. (2018): Saproxylic Bees and Wasps. In: Ulyshen, M. D. (Hrsg.): Saproxylic Insects. Diversity, Ecology, and Conservation (Zoological Monographs 1), Springer Verlag, Heidelberg, 217–235

Birkemoe, T. et al. (2018): Insect-Fungus Interactions in Dead Wood Systems. In: Ulyshen, M. D. (Hrsg.): Saproxylic Insects. Diversity, Ecology, and Conservation (Zoological Monographs 1). Springer Verlag, Heidelberg, 377–427

Harris, J., Harbo, J., Villa, J., Danka, R. (2003): Variable population growth of Varroa destructor in colonies of honey bees during a 10-year period. Environmental Entomology 32(6), 1305–1312

Heidinger, A., Tautz, J. (2014): Perfektes Klima in der Naturhöhle. Warum in künstlichen Behausungen Kondenswasser zum Problem wird. ADIZ die biene Imkerfreund 12, 20f.

Heidinger, A., Tautz, J. (2015): Zurück zur Natur? Mit einem Projekt soll ein neuer Ansatz in der Bienenhaltung verfolgt werden. ADIZ die biene Imkerfreund 04, 26f.

Kraus, B., Velthuis, W. H. (1997): High humidity in the honey bee (*Apis mellifera*) brood nest limits reproduction of the parasitic mite *Varroa jacobsoni* Oud. Naturwissenschaften 84, 217–218

Le Conte, Y., Arnold, G., Desenfant, P. (1990): Influence of brood temperature and hygrometry variations on the development of the honey bee ectoparasite *Varroa jacobsoni*. Environmental Entomology 19(6), 1780–1785

Mandl, S., Sukopp (2011): Bestäubungshandbuch für Gärtner, Landwirte und Imker. Sammlung eigener Untersuchungen und Zusammenfassung der Fachliteratur. Selbstverlag, Wien

Pohl, F. (2005): Bienenkrankheiten. Franckh-Kosmos Verlag, Stuttgart

Schiffer, T. (2020): Evolution der Bienenhaltung. Artenschutz für Honigbienen. Verlag Eugen Ulmer, Stuttgart

Schmitz, M. (2020): Aufbruch in eine neue Bienenhaltung. Aktuelle Forschung zu bienengerechter Imkerei. Verlag Eugen Ulmer, Stuttgart

Schweizer, P. (2015): Klimatische Faktoren beeinflussen die Reproduktion der Varroa. Schweizerische Bienen-Zeitung 11, 14–16

Seeley, T. D. (2014). Bienendemokratie. Wie Bienen kollektiv entscheiden und was wir davon lernen können. S. Fischer Verlag, Frankfurt/M.

Stamets, P. E., Naeger N. L., Evans J. D., Han J. O., Hopkins B. K et al. (2018): Extracts of polypore mushroom mycelia reduce viruses in honey bees. Nature Research 8, 13936 (DOI: 10.1038/s41598-018-32194-8)

Tourneret, E., de Saint Pierre, S., Tautz, J. (2019): Das Genie der Honigbienen, übersetzt von Claudia Ade, bearbeitet von Angelika Sust. Verlag Eugen Ulmer, Stuttgart

Tautz, J., Heilmann, H. R. (2007): Phänomen Honigbiene. Spektrum Akademischer Verlag, Heidelberg

Vollmer, J. (20.06.2015): Interview mit Prof. Tautz. Auf der Suche nach der Zukunft der Imkerei. Im Internet: <https://www.youtube.com/watch?v=hQUtJQVrXj0>

Wilfert, L. (2018): Wenn Varroa anwesend ist, haben auch die Hummeln mehr DWV. bienen & natur 8, 19

Wilms GmbH – HygieneHolz (ohne Jahr): Information über Wilms® HygieneHolz. Zusammenfassung der Forschungsvorhaben, Untersuchungen und Prüfungen 1996-2015. Wilms GmbH, Bad Essen-Barkhausen. Im Internet: <https://www.wilms.com/Hygiene/Forschungen/IUHH_klein.pdf>

REGISTER

BILDQUELLEN

Alle Abbildungen stammen von den Autoren, bis auf die folgenden:
Adam Kuhn: 19 u., 52 u.re., 106 u.; Christoph Hermann: 66 re.; Dorothea Heidinger: 21; Gertraud Heidinger: 62 u., 87; Katharina Heidinger: 9; Marina Scholze Photography: 41 re., 61, 73, 74(2), 76(2), 81 u.re., 82, 83, 86, 105 u., 108(2), 109, 110, 111(2), 114; Michail Popielinski: 19 o., 52u.li., 55; Petra Popielinski: 13; Robert Muttenhammer: 45, 56, 66 li., 88, 92, 93, 97 (2), 99, 100, 102, 103, 106 o., 107; Tanja Major: Titelfoto; Undine Westphal: 67 u.; Valentina Düvel-Steinwidder: 90, 91
Christine Lackner (Illustrationen nach Vorlagen der Autoren): 27, 30 re., 35, 43 u.
Siegfried Lokau: Schmuckelement Biene

Die in diesem Buch enthaltenen Empfehlungen und Angaben sind von den Autoren mit größter Sorgfalt zusammengestellt und geprüft worden. Eine Garantie für die Richtigkeit der Angaben kann aber nicht gegeben werden. Autoren und Verlag übernehmen keine Haftung für Schäden und Unfälle. Bitte setzen Sie bei der Anwendung der in diesem Buch enthaltenen Empfehlungen Ihr persönliches Urteilsvermögen ein. Der Verlag Eugen Ulmer ist nicht verantwortlich für die Inhalte der im Buch genannten Websites.

Bibliografische Information der Deutschen Nationalbibliothek
Die Deutsche Nationalbibliothek verzeichnet diese Publikation in der Deutschen Nationalbibliografie; detaillierte bibliografische Daten sind im Internet über http://dnb.d-nb.de abrufbar.

Das Werk einschließlich aller seiner Teile ist urheberrechtlich geschützt. Jede Verwertung außerhalb der engen Grenzen des Urheberrechtsgesetzes ist ohne Zustimmung des Verlages unzulässig und strafbar. Das gilt insbesondere für Vervielfältigungen, Übersetzungen, Mikroverfilmungen und die Einspeicherung und Verarbeitung in elektronischen Systemen.

© 2020 Eugen Ulmer KG
Wollgrasweg 41, 70599 Stuttgart (Hohenheim)
E-Mail: info@ulmer.de
Internet: www.ulmer.de
Lektorat: Ulrike Andres, Antje Munk
Herstellung: Katharina Merz
Gestaltung + Umschlagsgestaltung: Michaela Mayländer, Stuttgart, www.sistermic.de
Satz: Fotosatz Buck, Kumhausen
Reproduktion: timeRay Visualisierungen, Jettingen
Druck und Bindung: Pustet, Regensburg
Printed in Germany

ISBN 978-3-8186-0931-3

HIER KÖNNEN SIE WEITERLESEN:

Aufbruch in eine neue Bienenhaltung.
Aktuelle Forschung zu bienengerechter Imkerei. Mit Expertenwissen von Seeley, Tautz & Schiffer. Manfred Schmitz. 2020. 160 Seiten, 70 Farbfotos, geb.
ISBN 978-3-8186-0962-7.

Wie verschafft man Bienen Lebensbedingungen, die sie gesund erhalten? Wie sollten Bienenunterkünfte beschaffen sein? Wie sieht ein artgemäßer Umgang und eine bienengerechte Umwelt aus? Erhalten Sie in diesem Buch zu all diesen Fragen wissenschaftliche Anregungen aus der neusten Bienenforschung in Form von ausgearbeiteten Vorträgen der Bienen-Koryphäen Jürgen Tautz, Torben Schiffer und Thomas D. Seeley, und erfahren Sie, wie Sie deren Forschungsergebnisse direkt umsetzen. Manfred Schmitz zeigt anhand seiner Praxiserfahrungen Wege zu einer artgerechteren Bienenhaltung auf und plädiert dafür, die natürlichen Wege der Honigbiene zu ihrer Gesunderhaltung stärker in den Mittelpunkt zu rücken.

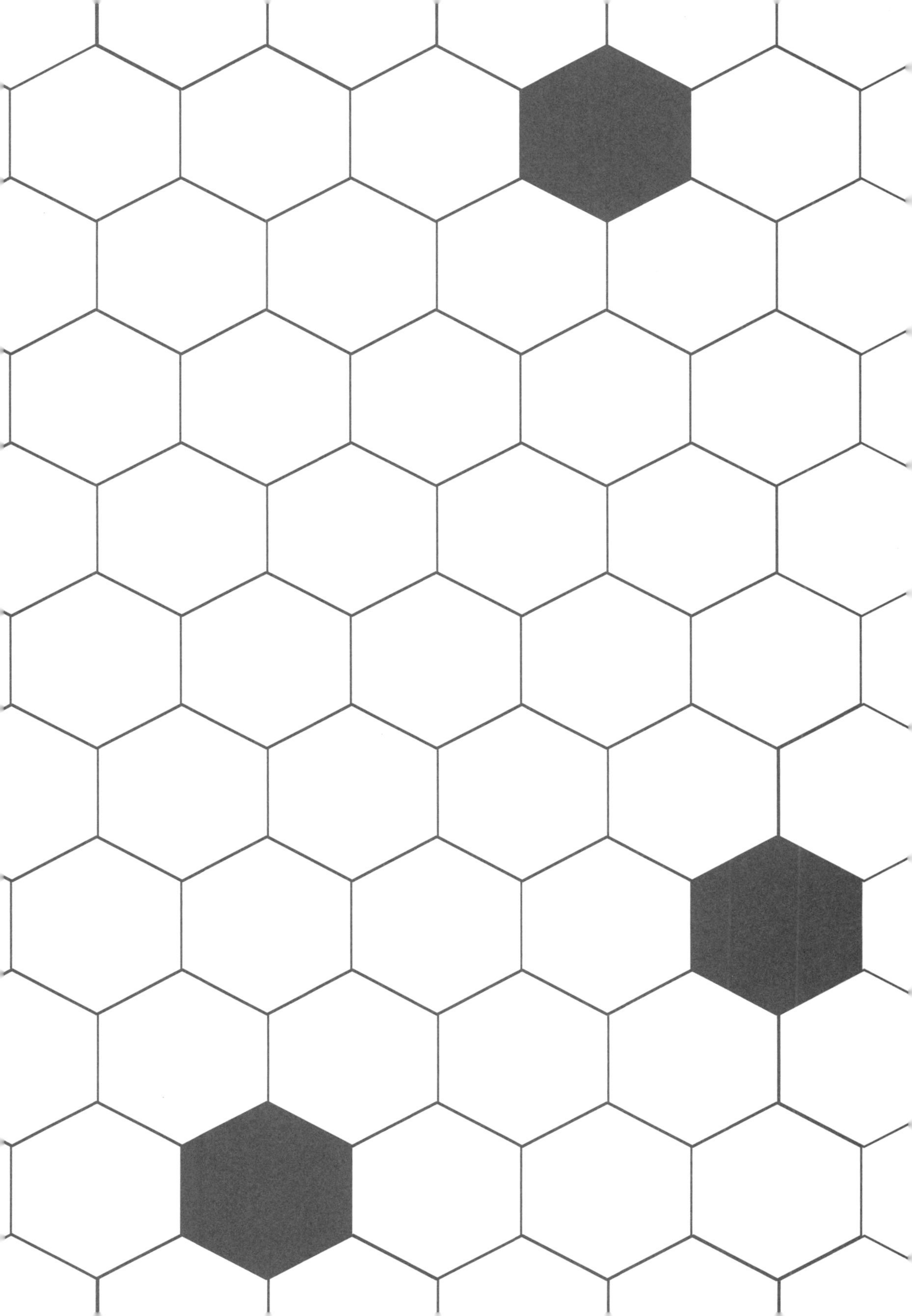

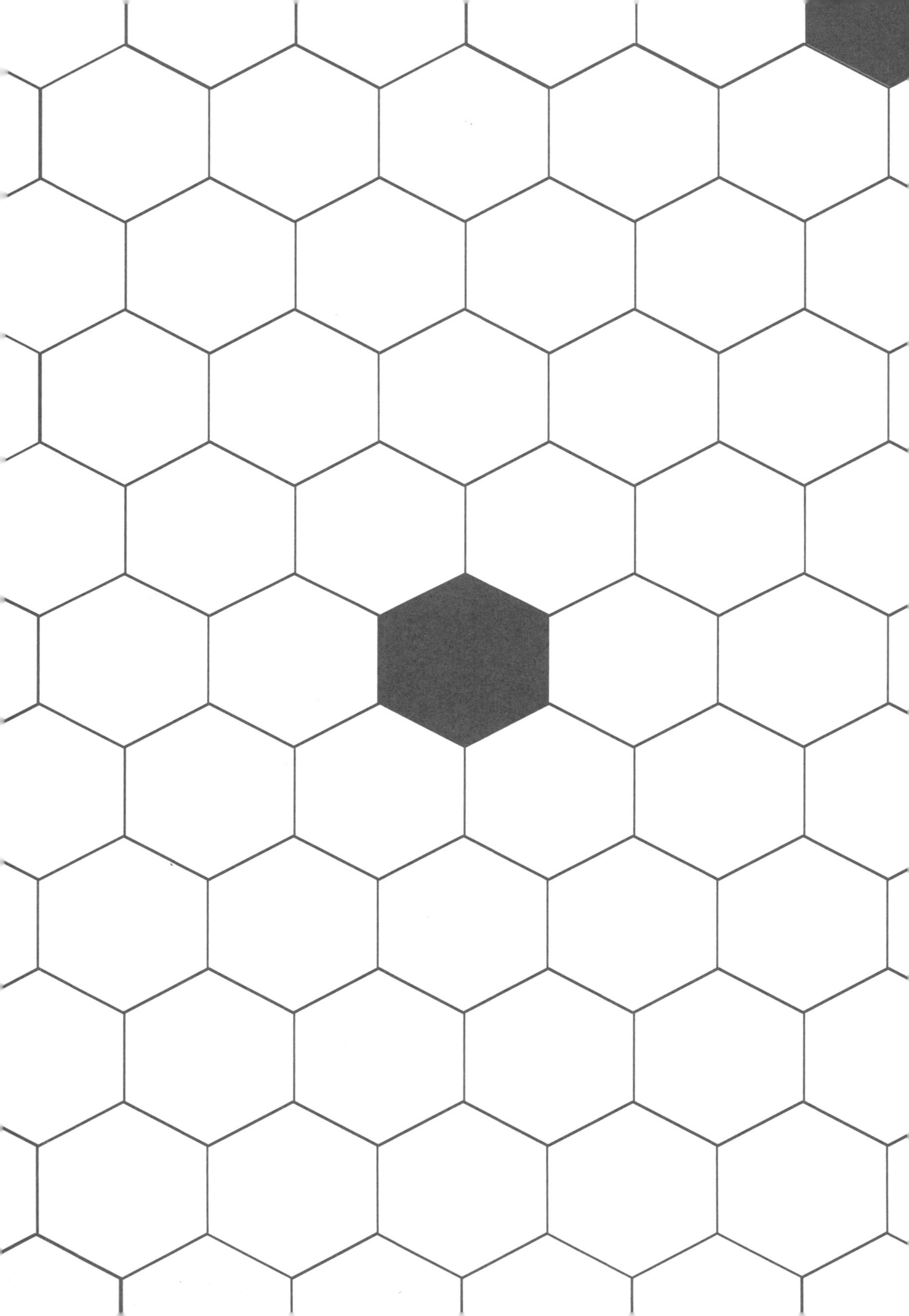